元素盛宴

Mg V K W Fe Cu Co Mo Li Mn Ti Na Cr Zn Ag Ca Au Se Ni

解惑金属元素与人体健康

陈承志　薛建江　邹　镇　/著

重庆大学出版社

图书在版编目（CIP）数据

元素盛宴：解惑金属元素与人体健康 / 陈承志，薛建江，邹镇著. --重庆：重庆大学出版社，2024.7.
（“解惑”健康系列）. --ISBN 978-7-5689-4559-2

Ⅰ.0614；R161

中国国家版本馆CIP数据核字第2024DN8190号

元素盛宴：解惑金属元素与人体健康

YUANSU SHENGYAN：JIEHUO JINSHU YUANSU YU RENTI JIANKANG

陈承志　薛建江　邹　镇　/著

策划编辑：胡　斌　张羽欣

责任编辑：张羽欣　　装帧设计：何海林

责任校对：王　倩　　责任印制：张　策

*

重庆大学出版社出版发行

出版人：陈晓阳

社址：重庆市沙坪坝区大学城西路21号

邮编：401331

电话：（023）88617190　88617185（中小学）

传真：（023）88617186　88617166

网址：http：//www.cqup.com.cn

邮箱：fxk@cqup.com.cn（营销中心）

全国新华书店经销

重庆亘鑫印务有限公司印刷

*

开本：720mm×1020mm　1/16　印张：17.75　字数：265千

2024年7月第1版　2024年7月第1次印刷

ISBN 978-7-5689-4559-2　定价：68.00元

作者简介

陈承志

重庆医科大学公共卫生学院副院长，环境与人群健康研究中心副主任，教授。曾获重庆市青年拔尖人才、巴渝学者·青年学者、重庆市十佳科技青年奖、重庆市青年岗位能手等荣誉。入选重庆市卫生健康委员会首批中青年卓越医学团队、重庆市公共卫生与预防医学黄大年式教师团队。主持国家自然科学基金、重庆市自然科学基金创新联合发展基金（重点）、面上项目等省部科研项目 17 项。以第一作者或通讯作者发表 SCI 科研论文 50 余篇，主编学术专著 4 部，主编 / 参编规划教材 6 部，申请 / 授权国家发明专利 23 项，获重庆市自然科学奖二等奖 1 项。

薛建江

重庆医科大学附属大学城医院检验科主任，主任技师，硕士研究生导师。CNAS ISO15189 认可技术评审员，中国医院协会临床检验专业委员会委员，重庆市医院协会临床检验管理专业委员会委员，重庆中西医结合学会分会委员，重庆市医学检验科医疗质量控制中心专家库成员。参与国家自然科学基金面上项目 1 项，主持重庆市科学技术局及卫生健康委员会等科研项目 9 项。以第一作者或通讯作者发表论文 30 余篇，其中 SCI 科研论文 20 余篇。

邹镇

重庆医科大学检验医学院 - 临床检验诊断学教育部重点实验室 - 呼吸系统疾病分子生物学研究平台负责人，研究员，特聘教授，博士研究生导师。曾获重庆市青年拔尖人才、巴渝学者·青年学者等荣誉。主持国家自然科学基金面上项目等国家和省部级科研项目 11 项。以第一作者或通讯作者发表 SCI 科研论文 50 余篇。主编学术专著 3 部，撰写国际指南 1 部，授权国家发明专利 3 项，获吉林省科学技术进步奖一等奖 1 项、重庆市自然科学奖二等奖 1 项。

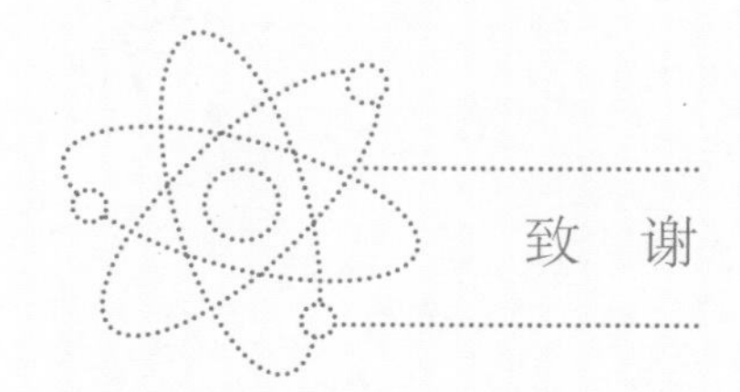

致　谢

本书成型之时，我们要由衷地感谢在资料收集、书稿编撰过程中予以鼎力支持和帮助的好友、同事和学生们，他们是（按姓氏拼音排序）：

邓翰林，段鑫昊，高亚楠，蒋学君，刘怡然，刘昭轶，秦启忠，苏鹏，王春松，王若男，吴祺祺，杨秀文，杨元君，姚瑾雯，曾志俊，张弘扬，张军，赵枫。

特别感谢秦启忠博士，他在素材整理、材料精细挑选、书稿修改、文献查证等诸多方面都付出了辛劳，为本书的形成作出了重要的贡献；也特别感谢周舟教授、张遵真教授、舒为群教授对书稿提出的建设性意见，对提升本书的质量发挥了举足轻重的作用。

我们还要特别感谢重庆大学出版社的胡斌编辑，有了他的提议才有了这本书的问世，在选题策划、内容撰写和修改过程中，他给予我们悉心的指导，同时也要感谢张羽欣、王倩编辑在书稿编辑、校对过程中的辛勤付出。

陈承志　薛建江　邹　镇

2024 年 6 月

序　一

在浩渺的宇宙中，金属元素以其独特的魅力，在地球的演变、生命的起源和文明的进步中扮演着举足轻重的角色。它们或深藏于地底，或遍布于海洋，或闪烁在星辰之间，无声无息地参与着这个世界的每一个细微变化。然而，我们在享受金属元素带来的物质文明的同时，却往往忽视了它们与人体健康之间的紧密联系。

金属元素与机体的正常生命活动、生理功能息息相关。铁是血红蛋白的核心成分，负责在血液中输送氧气；锌参与蛋白质的合成和细胞分裂，对儿童的生长发育至关重要；钙则是骨骼和牙齿的主要构成元素，维护着骨骼健康。人体内不仅存在这几种金属元素，还有许多其他金属元素在发挥着重要作用，只是这些尚未被大家所知晓。然而，并非所有的金属元素都对人体有益，有毒重金属对我们的健康乃至生命构成了巨大的威胁。含铅涂料和汽油会导致儿童出现智力发育障碍和行为问题，“镉大米”会对肾脏造成损伤，引发“痛痛病”；汞的累积会破坏中枢神经系统，甚至造成脑损伤和死亡。

由陈承志教授、薛建江主任医师、邹镇教授共同撰写的《元素盛宴：解惑金属元素与人体健康》是一部普及金属元素与健康知识的佳作，它将公众的目光引向探索与理解金属元素在健康中的作用，是对人类健康知识宝库的一次重要补充。本书围绕八大主题展开，从不同的角度介绍金属元素与人体健康的相关知识。“从科学进步到环境污染”这一篇章简要探讨了金属元素是如何推动科学进步的以及滥用金属元素导致的环境问题，“常量金属元素”和“微量金属元素”两个篇章详细介绍了这两类金属元素的性质、用途和对人体健康的重要性，“重金属元素”和“放射性核素”两个篇章深入剖析了这两类金属元素的危害性及其带来的挑战，“稀有金属”这一篇章着重阐述了稀有金属的珍贵价值和战略意义，“日常生活中的金属元素”这一篇章清晰描述了金属元素在日常生活中无处不在的身影，最后一个篇章“金属元素的明天”则放眼展望了金属元素在未来世界中可能要承担的新角色和新使命。

《元素盛宴：解惑金属元素与人体健康》不仅是一部关于金属元素的科普著作，更是一部引导我们关注健康、珍爱生命的指南。它提醒我们，在享受金属元素带来的物质文明的同时，也要关注它们对人体健康的影响。

让我们跟随作者幽默而活泼的笔触，一起探索金属元素的奥秘，共同守护健康！

重庆大学医学院

周舟

2024 年 6 月

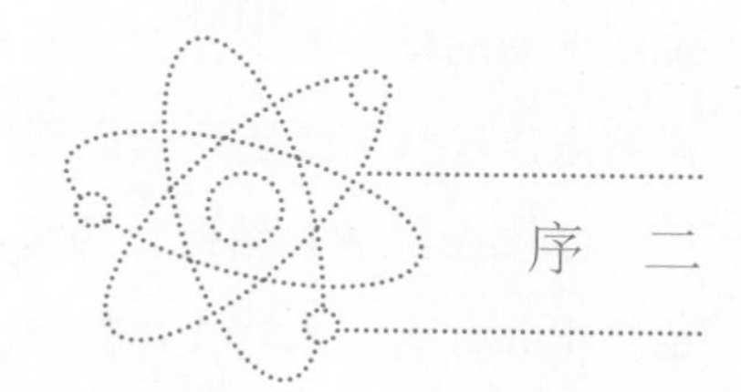

序　二

从古至今，人类就对金属元素抱有特殊的好奇心。它们不仅是我们生活中的重要构成要素，更是我们健康与疾病之间微妙关系的关键。在这个科技飞速发展的时代，我们对自然界的元素及其在人体健康中的作用进行了前所未有的深入了解。

我们身体中的每一个细胞都离不开金属元素的支持与影响。铁负责输送氧气，钙负责维持骨骼健康，锌和铜参与免疫反应，硒和锰在抗氧化过程中发挥着重要作用……这些元素既是微观生物化学反应的重要组成部分，也是维持整体健康的必要元素。

《元素盛宴：解惑金属元素与人体健康》通过详细而精彩的实例，展示了金属元素在健康和疾病发展中的多面性。例如，铁、铜、锌等元素是人体必需的微量元素，可用于制备营养补充剂，最广为人知的就是用于治疗缺铁性贫血的铁剂；金属同位素可用于放射性治疗，如铯、钴和铪等元素可用于治疗癌症，它们能够通过放射性衰变释放高能粒子，以杀死癌细胞……这些案例不仅向我们展示了金属元素作为药物和毒物的双重性，更引导我们审视和理解人类环境中这些元素的复杂动态。

本书并非仅限于专业人士阅读。书中内容通俗易懂，图文并茂，无论是寻求健康生活方式的读者，还是关注环境污染和食品安全的读者，都能从中获益，并将书中的知识运用到生活中去。特别值得一提的是，本书将金属元素的前沿知识整合，形成了一个全面而清晰的框架，为读者打开了探索人体健康与金属元素之间关系的新视角。

本书由陈承志教授、薛建江主任医师、邹镇教授共同主编，系统地介绍了不同金属元素对人体健康的影响，剖析了金属元素与环境污染之间的密切关系，阐述了主要金属元素在机体中吸收、分布、排泄及代谢的过程。本书完整地展现了金属元素与人体健康的前生、今世及未来，以及它们之间既“休戚与共”又“双重博弈”的复杂关系，为读者带来了一场关于元素与健康的科学盛宴。

在这个信息爆炸的时代，关于金属元素与人体健康的种种说法纷繁复杂，真假难辨，而本书犹如一盏明灯，为我们照亮了通往科学的道路。本书不仅可帮助读者了解关于金属元素的健康知识，还有助于提升公众科学素养、促进健康生活。我相信读者能够从中收获知识和启发，从而为更健康、更美好的未来加分给力。

陆军军医大学

舒为群

2024 年 6 月

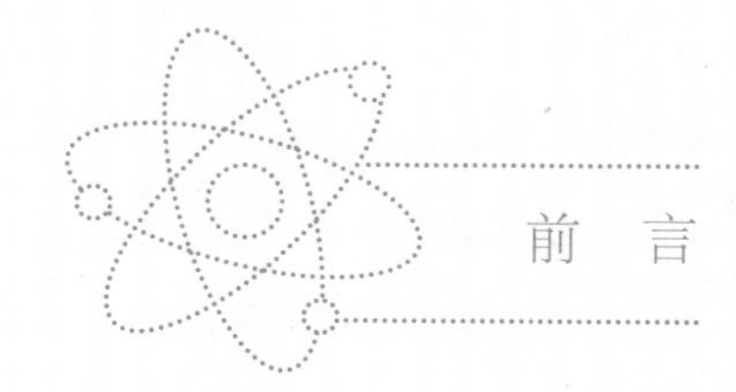

前言

从新石器时代到青铜时代，金属元素逐步走入了人类文明的发展历程。门捷列夫提出元素周期定律已有 150 余年，我们如今已探索发现了 118 种化学元素，其中金属元素占据了主导地位。金属元素通常以坚硬、冰冷、带有光泽感的形象为人所熟知，广泛应用于建筑、交通、电子和医疗等诸多领域。然而，除了这些显而易见的用途，金属元素在我们日常生活中还扮演着至关重要的角色——维护人体健康的卫士。

金属元素是构成我们身体不可或缺的重要组成部分。从血液中的铁到骨骼中的钙，再到催化反应中的锌、铜等微量元素，金属元素在人体的新陈代谢、生理功能维持以及疾病预防中都发挥着关键作用。然而，金属元素与人体健康之间的关系并非一成不变。摄入适量的金属元素可以带来益处，但摄入过量或不足都可能对健康造成威胁。例如，铁缺乏会导致贫血，而铁过量则可能影响肝脏健康；钙缺乏会影响骨骼健康，而钙过量则可能增加心血管疾病的发生风险。因此，深入了解金属元素与人体健康之间的复杂关系对每个人都至关重要。

本书旨在为读者提供全面且深入的金属元素科普知识，帮助大家更好地认识金属元素，并掌握其对人体健康的作用。通过科学合理的饮食和生活方式，我们可以维持体内金属元素的平衡。此外，本书还详细介绍各种金属元素在人体内的生理功能、摄入途径、代谢过程及可能带来的健康风险，如重金属污染和食品添加剂中的金属元素等，以帮助读者深入理解背后的科学原理，并在日常生活中做出更明智的选择。

通过阅读本书，读者将更深入地了解金属元素与人体健康之间的奥秘，掌握科学方法来维持体内金属元素的平衡，从而更好地守护自己和家人的健康。

让我们一起探索这场关于金属元素的科学盛宴吧！

陈承志　薛建江　邹　镇

2024 年 5 月

目录 CONTENTS

第1篇 从科学进步到环境污染

第1章 从青铜器到航天器：金属元素与人类文明 002

第2章 身体中藏着的元素周期表 011

第3章 金属污染是如何一步步危害人体健康的? 022

第2篇 常量金属元素

第4章 你需要知道的“钠”些事儿 034

第5章 心血管守护天使——钾 042

第6章 闪耀的元素“镁”那么简单 049

第7章 一瓶“钙”片全家补 063

第3篇 微量金属元素

第8章 人体内的一把特殊的双刃剑——铁 074

第9章 健康伴你“铜”行 083

第10章 说说“锌”里话 094

第 11 章　细说“铬”外健康　102
第 12 章　金属世界的威“锰”先生　112
第 13 章　揭开庐山真面“钼”　120
第 14 章　博“钴”通今　126
第 15 章　锦“锂”送健康　131
第 16 章　不同“钒”响　134
第 17 章　铊的秘密　137

第 4 篇 重金属元素

第 18 章　“汞”喜发财　144
第 19 章　哎呀！“镉”着骨头啦　149
第 20 章　“铅”途无量　154
第 21 章　“砷”藏身与名　159
第 22 章　镍，不只是硬币　167
第 23 章　“钨”合之众　173
第 24 章　养身的“金”视界　176
第 25 章　“银”得健康　180
第 26 章　“钛”空金属——全能王　183

第 5 篇 放射性核素

第 27 章　来点颜“铯”看看　190
第 28 章　不可“锶”议　193
第 29 章　太稀有“钌”　197
第 30 章　“铀”你是我的“镭”气　199
第 31 章　“铕”朋自远方来　203

第 6 篇 稀有金属

第 32 章 噼里“钯”啦交响乐 206
第 33 章 让我“锆”诉“铌”那些事 209
第 34 章 探秘“铼”龙去脉 212
第 35 章 原来“铟”此 214
第 36 章 认真的“钆”有大用途 216
第 37 章 力挽狂“镧” 218
第 38 章 工欲“钐”其事，必先利其器 221
第 39 章 “铥”掉烦恼，迎来新世界 224
第 40 章 一路“钽”途 226

第 7 篇 日常生活中的金属元素

第 41 章 饮食中的金属元素 230
第 42 章 装修中的金属元素 245
第 43 章 化妆品中的金属元素 251
第 44 章 尾气中的金属元素 254

第 8 篇 金属元素的明天

第 45 章 金属元素与人体健康 258

参考文献 262

第1篇

从科学进步到环境污染

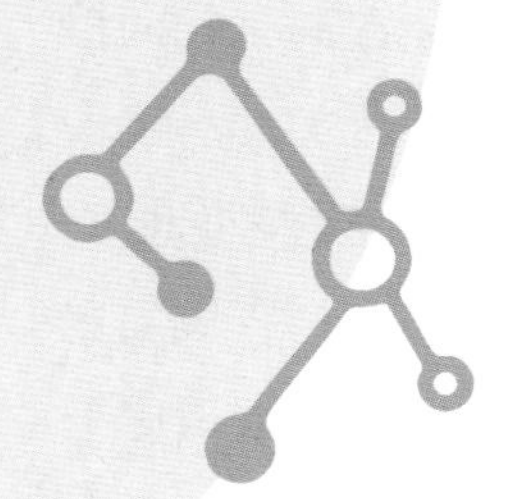

第1章

从青铜器到航天器：金属元素与人类文明

金属元素承载了人类文明的开端，与人类文明的发展紧密相连。人类文明的发展离不开金属元素，无论是史前时代的铜石并用，还是现代社会的新型金属材料应用，从青铜器到航天器，金属元素的发现和利用一直是推动人类文明进步的重要因素。事实上，人类文明的发展史就是人类运用金属元素的发展历程。金属时代的到来为人类文明带来了新机遇，现在让我们走进金属时代，追寻人类文明发展的轨迹。

青铜时代

青铜时代是人类文明的一个重要时期，始于公元前4000年左右。不同地区进入这一时代的时间有早有晚，中国青铜时代大约开始于夏朝时期。青铜时代的最大特征是人类开始大规模使用铜和锡的合金，即用青铜来制造工具、武器、礼器等。与铜相比，青铜更易熔解，且更加坚硬，这就决定了它更能被人类利用，因此青铜器对人类文明的影响是多方面的。

青铜器的制造标志着人类完成了从新石器时代到青铜时代的过渡，这是人类历史上一次重要的技术革新。青铜比之前广泛使用的石器更结实、更耐用，青铜制成的工具和武器更坚固、更锋利。青铜器的出现大大提升了农业生产的效率，农民可以更快地种植粮食；此外，狩猎和战争时，锋利的青铜工具和武器能大大提升人们的战斗能力。因此，青铜促进了社会生产力的整体提升。

青铜时代也是艺术创作的一个重要时期。无论是在东方还是在西方，我们都能看见许许多多优美的青铜艺术品，其表面常雕刻有精美的图案和装饰，反映了当时的审美观念和艺术水平。这些青铜艺术品不仅用于日常生活，有些还作为礼器，用于宗教仪式和皇家礼仪等场合，展示了当时社会的文化成就。中国古人在青铜器铸造方面取得的成就可谓空前绝后，直到现在，每年还不断有精美绝伦的青铜器被考古发现，同时也有很多青铜器被世人熟知，如商后母戊鼎（图 1–1）、青铜编钟等。中国青铜工艺的发展水平很高，展现出灿烂的文化风貌，无论是在使用领域、工艺手法还是在其所承载的精神文化方面，都是独树一帜的，是人类优秀的文化遗产之一，也是中华文明重要的精髓之一。

图 1–1　商后母戊鼎（商朝年间青铜器）

青铜的使用也促进了社会结构的分化和阶级的形成。青铜器的生产需要经过采矿、冶炼和铸造等复杂过程，这些技术的运用往往集中在少数人手中，并非所有人都能掌握，故这些人逐渐形成了专门的工匠阶层。同时，青铜器的生产和分配通常由统治阶级控制。因此，青铜器的广泛应用加速了早期国家和城邦的形成与发展。

科学发展史上，要想掌握青铜器的制造就需要对金属性质有深入了解，这促进了人类早期化学和物理学知识的积累。同时，青铜器制作技术的传播促进了不同文明间的交流和互动，有助于科学技术和文化知识的全球传播。

总之，青铜器的出现和普及是人类文明发展的重要里程碑，不仅改变了人类的生产生活方式，还影响了社会结构，推动了文化艺术和科学技术的进步。因此，青铜器对人类文明的意义是全方位的，为后来铁器时代的出现和整个人类社会的发展奠定了坚实基础。

铁器时代

继青铜器之后，铁器的广泛使用标志着一个新时代的到来。铁器时代大约开始于公元前 1200 年，而中国最早的铁器可追溯到春秋时期。最开始人类是从天上的陨石中获得陨铁，渐渐地，人类学会了一些基本的冶炼方法，可以从铁矿石中获得铁。铁比铜更加坚硬，而且自然界中铁矿石更加丰富，故铁器得以普及，农业生产工具和武器的制造成本也随之降低。铁器的广泛使用对农业、手工业、军事和社会生活都产生了深远的影响。

铁器的使用提升了农具的质量和效率，使农业生产能力大幅度提高。农民能够更好地开垦土地，种植作物，粮食产量得以提高，以满足不断增长的人口需求。春秋时期的铁犁铧能将刀片插入土壤并推进，将土壤翻转、破碎，这有助于改善土壤质地、增加通气性和水分渗透性；同时，铁犁铧还能将杂草和秸秆埋入地下，且使土壤更加细腻，增加土壤的肥力和透气性。铁器时代的到来促进了手工业的发展，使各种手工业（如木工、纺织等）

生产更加高效、精确，提高了产品的质量和数量。

此外，铁制武器的出现改变了战争格局，影响了历史进程，同时也促进了冶炼技术和兵器制造工艺的发展。在铁器时代，军事技术有了很大的进步，如武器和防御工事变得更加先进，战争的规模和形态发生改变，这对整个世界的政治格局和文明走向产生了深远的影响。

总之，铁器时代对人类文明的影响是全面而复杂的，它推动了人类社会各个方面的发展和进步，为后来更加复杂和先进的文明奠定了基础。

钢铁的崛起

工业革命推动了机器制造、矿产资源开采和交通运输等技术的进步，为钢铁工业的发展奠定了基础。贝塞麦转炉炼钢法的关键原理是将空气吹过铁水进行氧化以去除铁中的杂质。贝塞麦转炉炼钢法和平炉炼钢法的发明使钢铁的生产效率大幅度提高，从而使钢铁的价格下降，故钢铁得以广泛应用于建筑、交通（如铁路、蒸汽船等）、机械制造等领域，极大推动了工业化进程。

钢铁的广泛应用催生出众多领域的技术创新，如机器制造、交通运输、建筑工程等。钢铁结构使建筑更加坚固、耐用，同时也推动了桥梁、铁路、船舶等基础设施的建设发展，为现代交通和基础设施建设提供了有力支持。如果没有钢铁，我们所熟知的蒸汽机就不会出现，也就谈不上它如何开启第一次工业革命了。

钢铁的大规模生产和应用推动了工业革命时期城市化和工业化的加速发展，促进了城市的扩张和新兴工业中心的形成，为现代城市化进程奠定了基础。此外，钢铁产业的发展推动了社会经济的繁荣，并带动其他相关行业发展，如机械制造、煤炭开采、石油化工等，进而推动了工业化进程和经济结构的转型。

钢铁武器的制造和军事工业的发展使各国军事力量迅速提升，但也间接导致了许多战争的发生。因此，钢铁的广泛应用对国际政治格局产生了重大影响。

总之，钢铁的崛起对人类文明产生了深远影响，推动了现代工业社会的形成，改变了人类的生产和生活方式，对世界各国的经济、文化和政治发展都产生了重大影响。

新型金属材料的应用

工业革命期间，除了传统的铁、铜、铅，铝、锌等金属也开始广泛应用于各行各业。例如，铝是一种轻质、可塑性强、耐腐蚀的金属，具有广泛的应用前景，成为工业革命时期重要的新型金属之一。最开始铝的提取较为复杂，导致当时铝的价格奇高。据传，在拿破仑举办的宴会上，只有拿破仑使用的是铝制餐具，而客人使用的是金制餐具，这就反映了当时铝比黄金还要珍贵。不过，随着电解铝技术的发展，铝的生产成本下降，使其得到广泛应用。铝的轻量化、高强度等特点使其成为制造飞机、汽车、火车和船舶等交通运输工具的理想材料，铝的耐腐蚀性和可塑性使其成为建筑工程中的重要材料。铝及其合金彻底改变了我们生活的世界，它们无处不在，从炊具到烟火，从汽车到飞机……其具备重量轻、耐腐蚀和机械性能优异等特点，甚至使太空旅行成为现实。

金属在现代

在现代社会中，金属的用武之地就更多了，尤其在高科技行业中应用广泛。金属在电子器件和电路板制造中起着重要作用，如铜可用于制造电线、电缆和导线，铝、铜和银可用于制造电容器、电阻器和集成电路。金属在通信设备和光纤通信中也扮演着重要角色，如金属天线可用于制造无线通信设备，铜和铝可用于制造光纤通信电缆。金属在能源生产和储存中也有广泛应用，如铜和铝可用于制造发电设备的传输线路和散热器，锂和钴可用于制造锂离子电池。

其中，最令人瞩目的是金属在航天器中的应用。如今中国空间站已经建成，其高超的工艺、创新的设计无不令世人赞叹，这之中自然少不了新型金属材料的帮助。首先，航天器需要承受极端的环境条件，如高温、低温、真空和辐射等，新型金属材料（如铝合金、钛合金和镍基合金等）因具备优异的强度、刚度和耐腐蚀性能，广泛应用于航天器的结构部件（如机身、燃气发动机、液体燃料箱等）。其次，航天器在进入大气层的过程中会产生巨大的热量，因此需要有效的导热材料来分散和吸收热能，新型金属材料因导热性能良好，广泛应用于航天器的导热结构和散热器。再次，航天器发动机的制造材料需要具备高温、高压和强韧性等特性，新型金属材料特别是镍基合金，因具备出色的耐高温和耐腐蚀性能，广泛应用于航天器的喷气发动机和涡轮引擎等关键部件。最后，新型金属材料还可用于包装和保护航天器中敏感的电子器件和仪器设备，防止外部环境对其造成损害，如铝合金、钛合金常用于制造航天器的外壳、隔热罩和保护罩等部件。

总之，金属在航天工业中扮演着至关重要的角色。金属具备优异的力学性能、导热性能和耐腐蚀性能，成为航天器设计和制造中不可或缺的关键材料。随着航天技术的不断发展，金属的研发和创新将继续推动航天工业的进步，并为人类探索宇宙创造更多可能性。

金属与医疗健康

在现代社会中，金属在医药领域的应用非常广泛，特别在医疗器械制造中发挥着重要作用。例如，不锈钢、钛合金和铝合金等可用于制造手术器械、植入物和义肢等。这些材料具有良好的机械性能和耐腐蚀性能，同时也符合生物相容性要求，可减少对人体的损伤。在日常生活中，我们听得较多的是钛合金制造的生物材料，如钛合金牙齿、钛合金骨骼等。相比其他金属，钛合金拥有更好的生物相容性，能减少人体很多应激反应，故其临床应用越来越广泛。

金属元素可用于制造化学试剂和药物。例如，铁、铜、锌等是人体必需的微量元素，可用于制备营养补充剂，最广为人知的就是用于治疗缺铁性贫血的铁剂。此外，金属同位素可用于放射性治疗，如铯、钴和铪等元素可用于治疗癌症，它们能够通过放射性衰变释放高能粒子，以杀死癌细胞。

金属在医药领域的应用对人类文明产生了积极而深远的影响，为疾病治疗和健康保障提供了关键支持，同时也推动了医疗技术的不断进步和创新，有力提高了人类的生活质量。随着科学技术的不断发展，相信金属在医药领域还将继续发挥重要作用，为人类健康与福祉作出更大贡献。

金属的未来

金属作为人类历史上重要的材料之一，一直扮演着不可替代的角色。随着科技进步，人类对材料性能的要求也不断提高，但金属材料依然拥有广阔的应用前景。在可以预见的未来，金属将朝着轻量化、智能化、精细化发展，更好地服务人类。我们相信，金属的使用将继续对人类文明的多个方面产生积极影响，推动技术进步、基础设施建设、交通运输发展等，促使人类社会更加繁荣、便利、可持续。

结　语

金属元素从古至今一直是人类文明发展的基石。无论是古代社会的工具、武器制造，还是现代社会的高科技应用，从青铜器到航天器，金属元素都扮演着举足轻重的角色。科学技术在不断进步，人类从未停止对金属元素的探索和开发。未来，金属元素将继续伴随人类社会的发展，塑造着我们的世界。

本章要点

- 金属为人类文明带来了新机遇。
- 青铜时代是人类文明发展的重要里程碑，不仅改变了人类的生产和生活方式，还推动了社会结构、文化艺术和科学技术的进步。
- 铁器时代对人类文明的影响是全面而复杂的，推动了人类社会各个方面的发展和进步，为后来更加复杂和先进的文明奠定了基础。
- 钢铁的崛起对人类文明产生了深远影响，推动了现代工业社会的形成，改变了人类的生产和生活方式，对世界各国的经济、文化和政治发展都产生了重大影响。
- 随着航天技术的不断发展，金属材料的研发和创新将继续推动航天工业的进步，为人类探索宇宙创造更多可能性。
- 金属在医药领域的应用对人类文明产生了积极而深远的影响，为疾病治疗和健康保障提供了关键支持，同时也推动了医疗技术的不断进步和创新，有力提高了人类的生活质量。

第 2 章

身体中藏着的元素周期表

化学元素是具有相同核电荷数（核内质子数）的一类原子的总称。根据含量不同，人体中的化学元素可分为常量元素（含量≥ 0.01%）和微量元素（含量< 0.01%）。其中，氧（O）、碳（C）、氢（H）、氮（N）、钙（Ca）、磷（P）、钾（K）、硫（S）、钠（Na）、氯（Cl）、镁（Mg）这 11 种元素组成了常量元素，其余为微量元素。碘（I）、锌（Zn）、硒（Se）、铜（Cu）、钼（Mo）、铬（Cr）、钴（Co）及铁（Fe）这 8 种微量元素是人体必需的，它们参与了人体的生命活动，保障了人体的正常运行，含量过多或过少都将影响身体健康。同一种化学元素在人体不同部位的含量是不同的。例如，铁主要分布在血液中，碘主要分布在甲状腺中。此外，同一种化学元素在人体中的含量会随年龄增长而发生变化。在认识生命的过程中，我们也发现了关于化学元素的神奇力量。

生命的起源

要想了解身体中的化学元素，就要先谈谈生命科学中最重要的话题——生命的起源。这是人类自出现以来一直在思考却又没有得到完美解释的问题，也是探讨生命科学的基础。面对地球长达 40 多亿年的漫长演化历史，生命的诞生及生命诞生之初的环境对我们来说都是遥远、神秘而又无法直观感受到的。

放射性元素的半衰期表明地球的年龄约为 46 亿年。在如此漫长的历史中，生物究竟是如何诞生的，又是何时诞生的？这是让人着迷却又难以得到完美解释的话题。

在科技不发达的古代，人们渴望了解大自然中千奇百怪的生物都来自哪里，想知道这些生物是神创造的还是自然产生的，亦或是由其他物种演变而来的。

民间传说，天地开辟之初，大地上并没有人类，女娲把黄土捏成团造了人。她干得又忙又累，竭尽全力但还是赶不上供应。于是女娲将绳子投入泥浆中，再举起绳子一甩，将泥浆洒落在地上，落地的泥浆就变成了一个个人。

近代科学诞生之前，神创论占据着重要地位。《圣经》中描述了这样的场景：上帝在 6 天时间里，先后创造了日月星辰、山脉河流、树木花草、飞禽走兽，再依照自己的模样创造了亚当，又用亚当身上的一根肋骨创造了夏娃，而后夏娃和亚当共同在伊甸园中生活。为了合理解释这些自然现象，人们只能大胆幻想。而这种“上帝已安排好所有的剧本，地球上的所有生命体只要按照剧本要求去演绎就行”的假说，成为当时人们的不二选择。

亚历山大·伊万诺维奇·奥巴林（Александр Иванович Опарин）在 1936 年出版了《地球上生命的起源》（*The Origin of Life on the Earth*），他在书中提出关于生命起源的假说。奥巴林认为原始的地球大气中充斥着大量宇宙射线、紫外线、闪电等蕴含巨大能量的能量源，在它们的作用下，原始大气中的 CO_2、N_2、H_2S、H_2、NH_3 等不断发生着聚合反应，最终形成小分子化合物，如氨基酸、嘌呤、嘧啶、核糖等，这些都是构成大分子生命物质的基本成分。氨基酸小分子产生后，生命的起源就有了最基本的原料。

人类的进化过程

人类进化起源于森林古猿，经过漫长的时间一步一步发展成现在的模样。人类进化过程分为猿人类、原始人类、智人类、现代人类 4 个阶段。

在现代自然科学的发展过程中，人类的进化学说仍然存在很多争议。

人体生命全周期的演变

人体（human body）是一个复杂而神奇的生物有机体，是人类生命的载体，是人类生物学的研究对象之一。人体由许多不同的部分组成，每个部分都有其特定的功能和作用。人体的生长发育具有连续渐进的特点。人体在生长发育过程中，随着量和质的变化，形成了不同的发育阶段。根据各阶段的特点，人类生命全周期可划分为 8 个年龄阶段，分别是胎儿期、婴儿期、幼儿期、童年期、青春期、成年期、中年期、老年期（图 2–1）。人体经历生长、发育、衰老等生命过程，最终死亡。

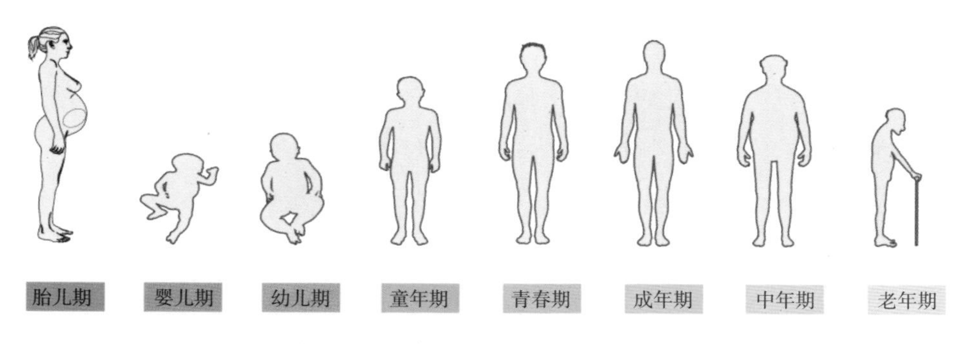

图 2–1　人类生命全周期的演变过程

以下是一些关于人体的小知识。

解剖结构：人体由多个系统组成，包括呼吸系统、消化系统、循环系统、神经系统、免疫系统、内分泌系统等（图 2–2）。每个系统都由特定的器官和组织构成，协同工作以维持生命。细胞是生命的基本单位，构成了人体组织，包括肌肉组织、神经组织、骨骼组织、结缔组织等，用于维持人体结构的稳定。

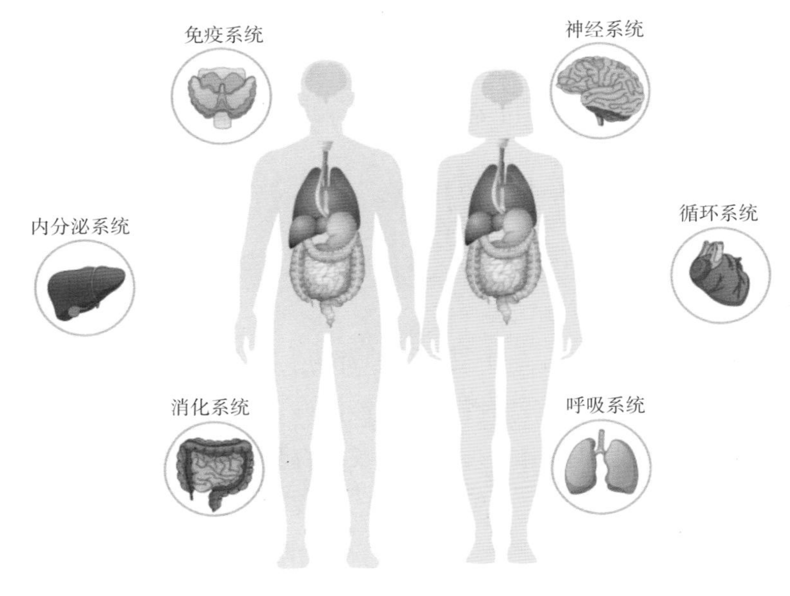

图 2-2 人体主要的系统

呼吸系统：负责吸入氧气并排出二氧化碳，以满足细胞的氧气需求。肺部是呼吸系统的主要器官。

消化系统：由消化道和消化腺两大部分组成。口腔到十二指肠部分称为上消化道，空肠及以下部分称为下消化道。

循环系统：由心脏和血管组成，负责将血液输送到全身，供应氧气和营养物质，同时排出废物。

神经系统：控制身体的各种生理和行为活动。大脑、脊髓和神经元是神经系统的关键组成部分。

免疫系统：帮助身体抵抗疾病和感染。免疫系统包括白细胞、淋巴细胞、抗体等免疫元素。

生殖系统：负责生殖和繁殖。

内分泌系统：通过分泌激素来调节身体的生长、代谢、性发育等过程。

全身平衡：人体需要维持体温平衡、体液平衡、酸碱平衡等，以保持内部环境的稳定。

代谢：人体的代谢过程包括能量代谢和物质代谢，作用是维持生命活动。食物会被消化以提供能量和营养物质，废物则会被排泄出去。

拥有“魔法”的元素周期表

我们谈论元素周期表（periodic table of elements）时，实际上是在讨论一个魔法般的化学工具，其有助于我们理解世界的基本构建块——元素。元素周期表是由一系列元素按一种特定方式排列而成的表格，即根据元素原子核电荷数从小到大排序的元素列表。元素周期表大体呈长方形，特性相近的元素归在同一族中从而形成元素分区，如碱金属元素、碱土金属元素、卤族元素、稀有气体元素、非金属元素、过渡金属元素等（图 2-3）。元素周期表分为 7 个周期，包含 118 个元素。

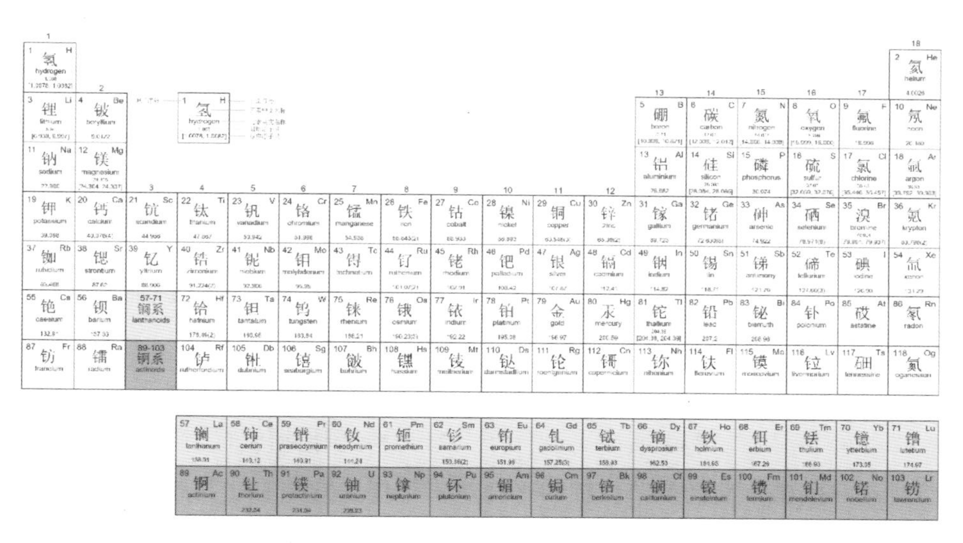

图片来源：中国化学会和国际纯粹与应用化学联合会

图 2-3　元素周期表

元素周期表能够准确地预测各种元素的特性及其相关性，故在化学及其他科学范畴中被广泛使用，是分析化学行为时十分有用的框架。由此可见，元素周期表是一项令人惊叹的科学成就，帮助我们理解了物质世界的组成和互动。通过深入了解元素周期表，我们能更好地了解化学和自然界中元素的神秘之处。

人体中包含了多种元素，这些元素都位于元素周期表的不同位置。它们具有不同的原子序数和原子质量，在化学中发挥着重要作用，同样也在人体中发挥着重要的生物学作用。

以下是一些元素周期表中的常量元素。

氧（O）：位于元素周期表第 16 族（氧族）和第 2 周期。氧是呼吸的关键成分，在呼吸作用中与食物中的营养物质进行氧化反应以产生能量。

碳（C）：位于元素周期表第 14 族（碳族）和第 2 周期。碳是有机化合物的基本组成部分，有机化合物包括蛋白质、脂肪、碳水化合物和核酸等。

氮（N）：位于元素周期表第 15 族（氮族）和第 2 周期。氮是蛋白质和核酸的组成部分，在构建和维护细胞结构中起着关键作用。

氢（H）：位于元素周期表第 1 周期。氢是水的主要组成部分，参与许多生物化学反应，如酸碱平衡等。

钠（Na）：位于元素周期表第 1 族和第 3 周期，属于碱金属元素。钠是维持体内电解质平衡的关键元素之一，对细胞膜的稳定性和神经脉冲传导起着重要作用。此外，钠还与水分平衡和血容量调节有关，对于心血管系统的正常运转至关重要。钠的摄入通常通过饮食实现，但过量的钠摄入可能与高血压和心血管疾病有关。

钾（K）：位于元素周期表第 1 族和第 4 周期，属于碱金属元素。钾在维持神经和肌肉功能中起着关键作用，参与神经脉冲传导、肌肉收缩、心脏跳动和酸碱平衡的调节。钾的平衡对于维持正常的心律和肌肉功能非常重要。钾的摄入通常通过饮食实现，钾摄入不足或过量都可能对健康产生负面影响。

钙（Ca）：位于元素周期表第 2 族和第 4 周期，属于碱土金属元素。

钙是骨骼的主要组成部分，对于维持骨密度和骨强度至关重要。此外，钙也是肌肉收缩、神经传导和凝血过程中的关键元素。它在血液中的浓度必须维持在一个严格的范围内，以确保生理功能正常。钙摄入不足可能导致骨折、骨质疏松症等问题。

镁（Mg）：位于元素周期表第 2 族和第 3 周期，属于碱土金属元素。镁对于神经肌肉功能、骨骼健康、心脏健康和能量代谢至关重要，还参与蛋白质合成和 DNA 复制。

以上 4 种常量金属元素在人体中扮演着重要角色，它们的平衡和适当摄入对于维持生命和健康至关重要。因此，我们日常生活中应通过饮食和营养的方式来确保足够的钠、钾、钙、镁摄入，但要避免过量摄入，以免引发健康问题。

锌（Zn）：位于元素周期表第 12 族和第 4 周期，属于 3d 过渡金属元素。锌在人体中参与多种酶反应，支持免疫系统功能，促进细胞生长和修复，维持健康的皮肤、头发和指甲。它还对于脱氧核糖核酸（deoxyribo nucleic acid，DNA）合成和蛋白质合成至关重要。顺便一提，RNA 是核糖核酸，全称为 ribonucleic acid。

铁（Fe）：位于元素周期表第 8 族和第 4 周期，属于 3d 过渡金属元素。铁是人体重要的微量金属元素之一。它是血红蛋白的主要组成部分，负责将氧气运输到身体各个部位，以维持生命。铁还在细胞呼吸过程中起着关键作用。铁缺乏可导致贫血和疲劳。

铜（Cu）：位于元素周期表第 11 族和第 4 周期，属于过渡金属元素。铜对于维持多种酶的活性和组织健康至关重要，并能在铜蛋白、酶和组织结构的形成中发挥关键作用。它有助于铁的吸收和红细胞的形成，还参与抗氧化反应。

硒（Se）：位于元素周期表第 16 族和第 4 周期，属于非金属元素。硒是抗氧化剂，有助于保护细胞免受氧化损伤。它对于维持免疫系统的正常运转、甲状腺激素代谢和 DNA 合成都很重要。硒缺乏可导致克汀病（一种心脏病）和其他健康问题。

铬（Cr）：位于元素周期表第 6 族和第 4 周期，属于过渡金属元素。铬有助于调节血糖水平，增强胰岛素的效力，从而控制糖尿病。它还与脂肪和蛋白质代谢有关。

锰（Mn）：位于元素周期表第 7 族和第 4 周期，属于过渡金属元素。锰是多种酶的组成部分，在葡萄糖代谢、骨骼健康和抗氧化反应中发挥作用。

钼（Mo）：位于元素周期表第 6 族和第 5 周期，属于过渡金属元素。钼是多种酶的辅因子，参与氮代谢、尿酸代谢和其他生物化学过程。

这些微量金属元素分布在元素周期表的不同位置，它们的位置反映了它们的电子结构和化学性质。这些元素尽管只以微量存在，但在人体内都具有重要的生理和代谢作用。因此，了解它们在元素周期表中的位置有助于理解它们的化学性质和生物学功能。

硫和磷是元素周期表中的非金属元素，它们在人体中具有重要的生理学意义。

硫（S）：位于元素周期表第 16 族和第 3 周期，属于非金属元素。硫在人体中的生理学意义主要体现在蛋白质的结构中，因为它是氨基酸中的一部分，如半胱氨酸和甲硫氨酸。这些氨基酸中的硫原子形成二硫键，对于蛋白质的立体构象和功能至关重要。此外，硫还是许多辅助酶和协同因子的组成部分，它们在维持正常代谢过程中起着关键作用。硫还存在于硫酸酯化合物中，如辅酶 A，它在能量代谢中扮演重要角色。

磷（P）：位于元素周期表第 15 族和第 3 周期，属于非金属元素。磷在人体中的生理学作用非常广泛。它是核酸的组成部分，对于遗传信息的传递和储存至关重要。此外，磷是三磷腺苷（adenosine triphosphate，ATP）和磷酸肌酸（creatine phosphate，CP）等重要能量分子的组成部分，对于细胞能量代谢和肌肉收缩非常重要。磷还是细胞膜的一部分，参与细胞信号传导和细胞膜的结构维护。此外，磷在骨骼中以磷酸钙的形式存在，有助于骨骼的形成和维持。

上述元素共同参与了人体的正常生理和代谢过程，维持元素平衡对于人体健康至关重要。不过，我们在日常生活中可能会意外摄入一些对人体有害的元素，举例如下。

铅（Pb）：位于元素周期表第 14 族和第 6 周期，属于金属元素，高度有毒。铅中毒可导致智力下降、神经损伤、学习和行为问题，特别是儿童更容易受到影响。铅中毒可损伤肾，导致肾衰竭；可干扰血红蛋白的正常功能，导致贫血；可损伤生殖系统，影响生育能力。此外，长期铅中毒可导致骨骼问题，如骨质疏松症。

汞（Hg）：位于元素周期表第 12 族和第 6 周期，属于过渡金属元素，高度有毒。汞中毒可损伤中枢神经系统，导致颤抖、肌肉无力、失眠和认知功能受损。汞中毒可损伤肾，导致肾功能减退。蒸气态的有机汞（如甲基汞）对呼吸系统和神经系统的影响特别严重。汞中毒可通过母乳传递给婴儿，对婴儿的智力发展产生严重影响。

镉（Cd）：位于元素周期表第 12 族和第 5 周期，属于过渡金属元素，高度有毒。吸入镉尘埃可导致肺部损伤，引发镉肺病。镉中毒可导致肾损伤，甚至肾衰竭。过多的镉暴露与骨骼疾病（如骨质疏松症）有关。镉被认为是一种致癌物质，可增加癌症风险，尤其是肺癌。

砷（As）：位于元素周期表第 15 族和第 4 周期，属于半金属元素。砷是一种强毒物，长期砷暴露与皮肤癌、肺癌、膀胱癌和肝癌等癌症的风险增加有关。砷中毒可引发心血管疾病，如高血压和冠状动脉粥样硬化性心脏病（简称“冠心病”）。砷中毒还可导致皮肤问题，如色素沉着、角化病变和皮肤溃疡。

这些毒性元素的摄入应当受到监控和限制，以减少对人体的危害。控制这些毒性元素的暴露，特别是在工业和环境领域的暴露，对于维护人体健康至关重要。

半金属元素，又称“类金属元素”或“准金属元素”，是一类具有金属和非金属特性的元素。它们在化学和物理性质上介于典型的金属元素和非金属元素之间。除了砷，硼、硅和锗也都属于半金属元素，它们在医学研究中具有一定作用。

硼（B）：位于元素周期表第 13 族和第 2 周期，属于半金属元素。硼化合物可用于医学研究，尤其是癌症治疗的相关研究。硼中子俘获疗法（boron neutron capture therapy，BNCT）是一种实验性放射治疗方法，将含同位素硼-10（^{10}B）的靶向药物注入患者体内，然后用中子束照射癌细胞。硼的中子俘获反应可导致癌细胞受到破坏，而正常细胞受到的伤害较小。此外，硼还与骨骼健康有关，因为硼可能有助于钙的吸收和骨密度的维护。

硅（Si）：位于元素周期表第 14 族和第 3 周期，属于半金属元素。硅常以硅化合物的形式出现在医学研究中。硅化合物在医学领域有多种应用，包括作为药物传递系统的载体、骨科植入物的组成部分以及生物医学成像剂。硅微粒可用于纳米药物载体的研究和生物传感器的开发。

锗（Ge）：位于元素周期表第 14 族和第 4 周期，属于半金属元素。锗曾用于药物研发，特别是作为抗肿瘤药物的一部分。然而，由于其毒性和副作用，锗的药物应用已大大减少。目前，锗主要用于科学研究，作为半导体材料和光学元件的组成部分，而在医学领域的应用较有限。

需要注意的是，这些元素在医学研究中的应用通常是实验性的，有时还具有使用限制和潜在风险。在医学研究和临床治疗中，使用这些元素及其化合物需要经过深入的研究和监测，以确保其安全性和有效性。

总之，人体是一个复杂的系统，每个部分都有其特定的功能，各部分协同工作才能维持生命的平衡和健康。人体系统不仅让我们能够在这个世界生存，还让我们能够体验世界并与之互动。保持健康的饮食、锻炼习惯并定期体检是维持身体健康的关键。

本章要点

生命的起源 → 从“神话传说”到《地球上生命的起源》

人类的进化 → 猿人类、原始人类、智人类、现代人类四个阶段

周期的演变 → 胎儿期、婴儿期、幼儿期、童年期、青春期、成年期、中年期、老年期

人体的组成 → 呼吸系统、消化系统、循环系统、神经系统、免疫系统、内分泌系统等

元素周期

- 氧 (O) 位于第 16 族（氧族）和第 2 周期，是呼吸的关键成分
- 碳（C）位于第 14 族（碳族）和第 2 周期，是有机化合物的基本组成部分
- 氮（N）位于第 15 族（氮族）和第 2 周期，是蛋白质和核酸的组成部分
- 氢 (H) 位于第 1 周期，是水的主要组成部分，参与许多生物化学反应，如酸碱平衡等

第 3 章

金属污染是如何一步步危害人体健康的？

在日常生活中，金属元素无处不在，它们存在于食物、水、空气，甚至我们的家居用品中。然而，当这些金属元素的含量超过一定限度或以某种形式存在时，它们就可能对我们的健康构成威胁。这就是我们所说的金属污染。金属污染是一个全球性问题，会影响我们的环境；而金属污染物可通过食物、空气、水等媒介进入人体，对人类健康构成严重威胁。哪怕人们接触有害金属元素的量较少，但因长期暴露在这种有害环境中且不能将有害金属元素及时排出，导致有害金属元素在体内出现生物富集作用，也会对人体的各种组织器官造成损伤，引起生理功能异常。

金属污染对人体健康的危害是多方面的，铅、汞、镉等重金属都已被证实对人体有害，它们会损伤人体的神经系统、免疫系统、内分泌系统等，甚至引发各种慢性疾病和癌症。尽管我们已经知道金属污染对人体健康的危害，但如何防止、控制金属污染，以及如何减轻其对人体健康的影响，仍然是亟待解决的世界性公共卫生问题。因此，我们需要更深入地了解金属污染是如何一步步危害人体健康的，以便采取有效的措施来保护自身健康。

人类与金属的接触史

我们所生存的环境以及环境中的物质都是由各种元素构成的，人类和动物都可通过代谢的方式与外界环境进行物质交换，这使机体与环境的物质构成始终维持在一种动态平衡的状态（图 3–1）。

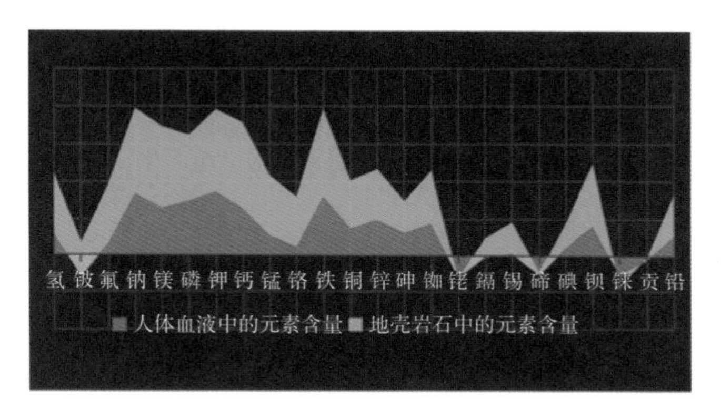

图 3–1　地壳和人体血液中元素丰度相关图

人类与金属的接触最早可以追溯到史前时代。在伊朗西部的一些地区，考古学家发现了约公元前 7000 年的人们使用的一些小型铜制物品，如小针、小珠、小锥等。那时，人们制作器物所使用的铜还是纯铜，但由于纯铜的硬度较低，不能满足人们的使用需求，于是人们便开始尝试在制作铜器时掺杂其他矿石以提高金属硬度，从而使制作出的工具和武器更为坚固。我国先秦古籍《考工记》中就有关于制作“青铜”的六种配方的记载，即通过调整铜和锡的比例，改变合金的坚硬程度，以制作不同用途的青铜器具。

后来，太空中掉落的“陨铁”吸引了人们的注意。人们发现铁比青铜还要坚硬，更适合制造器具。虽然当时传说铁是从天上来的，但仍有一些人试图在人间找寻铁的踪迹，人类社会逐渐进入铁器时代。

汞在金属中是个较为特别的存在，因为是银白色的液态金属，所以俗称“水银”。而我们平时经常听到的“朱砂”其实就是硫化汞。无论是朱砂还是水银，都有用于墓葬的例子。究其原因，一方面，古人很早就发现水银具有较好的防腐功效，还因具有挥发毒性而能起到一定的防盗作用；

另一方面，墓葬时使用水银也与古人的一些理念有关。《荀子·礼论》中有这么一句话："丧礼者，以生者饰死者也，大象其生以送其死也。故事死如生，事亡如存，终始一也。"古时候的王公贵族希望自己死后也能继续保持生前的奢靡生活，故往往会将生前使用的物品及大量财宝带入墓中，并希望在墓中还原尘世的模样。司马迁在《史记·秦始皇本纪》中记载"以水银为百川江河大海，机相灌输，上具天文，下具地理"，是说秦始皇嬴政命人在他的地宫中灌输了大量水银，根据秦时的山川江海塑造出浩瀚的江河湖海，这表示秦始皇希望死后仍可以统治天下。

铅是人类较早了解的金属之一，但人们对铅的认识与了解也伴随着惨痛的代价。在古罗马帝国时期，铅的生产与应用体现在日常生活的方方面面，含铅的装饰品、玩具、餐具等都极为常见，连罗马城内供水系统的管道中都含有铅，当时的贵族甚至以使用铅制品为荣。后来，在考古学家们挖掘出的古罗马墓群中，人们发现多数骸骨中的骨铅含量远超正常水平，儿童骸骨中的骨铅超标情况更为严重，由此推断这些人的死因可能与铅中毒有关。因此，20 世纪 80 年代英国《泰晤士报》（*The Times*）上发表的一篇文章认为，西罗马帝国的衰亡是"铅中毒"导致的。

现如今，人类已经能够炼制并使用各种各样的金属，包括铝、钢、钛、铂等。这些金属在现代社会中发挥着重要作用，包括建筑、交通、电子产品和医疗设备等领域。总的来说，金属是人类文明不可或缺的组成部分，从早期的铜、青铜和铁制品到现代的高科技设备，金属一直是推动人类进步的关键因素。不过，应用金属的同时也要充分考虑金属的潜在危害，合理规避其不利属性对人体健康造成的不良影响。

日常生活中的金属摄入

金属除了以各式各样器具的形式存在于我们的生活环境中，也可通过自然界物质交换的形式进入人体。在日常生活中，我们主要通过以下 3 种渠道摄入金属。

1. 环境污染

大气污染、水污染和土壤污染都可能导致我们摄入的水产、蔬果、农作物中的重金属含量超标。例如，矿山开采和冶炼排放的重金属可能会随着灌溉水进入农田，导致我们食用的农产品中含有过量的重金属。

2. 日常饮食

食物是我们摄入重金属的主要媒介。例如，皮蛋、糕点、膨化食品等含铅量较高，鱼贝类中容易富集镉，动物肝、肾也可能因生物富集作用而出现重金属含量较高的现象。除了制作工艺本身可能会导致重金属含量较高，多数情况下食物中的重金属过量还是与环境污染有关。不过，食物中也含有许多对人体有益的金属元素。例如，乳类及乳制品含钙量较高，绿色蔬菜、大麦、黑米、木耳、香菇等含镁量较高，贝壳类、红色肉类、动物内脏等含锌量较高。

3. 呼吸与饮水

空气和饮用水可能导致机体摄入过量的重金属，但这种情况主要与地壳元素分布不均、职业性有害因素和环境污染有关。例如，在大气重金属污染的情况下，附着于空气颗粒物和尘粒的重金属可通过呼吸作用进入人体。又如，由于地壳元素分布不均或环境污染，水源地可能会出现水体中重金属含量超标的现象。

因此，为了有效预防重金属对人体健康的危害，我们应该养成良好、健康的生活习惯，勤洗手，勤剪指甲，经常清洁房间和生活用品。此外，多吃营养丰富的健康食物，少吃垃圾食品和重金属含量较高的食物，对维持身体健康具有重要作用。

人类活动与金属污染之间的联系

在自然环境中，金属污染现象可能与人类活动有着密不可分的关系。

在人类文明不断推进的过程中，农业和工业的快速发展、废物处理不当、化肥和杀虫剂的使用等人类活动，导致重金属对土壤、水域和空气造成不同程度的污染，这会严重危害自然环境的正常生态功能。

采矿和冶金活动是较为严重的污染源。人们在进行矿石开采、矿产加工的过程中会产生含有多种重金属的大量矿渣、废水和废气等物质，即“三废”。如果管理不善，含有大量重金属的“三废”就会被排放到外界环境中，直接造成环境污染。而这些污染物可在自然界中迁移，如从无机环境向植物、动物迁移，导致污染范围进一步扩大。

包括种植业、养殖业和畜牧业在内的传统农业生产也会影响环境中的重金属含量。例如，化肥中含有一些重金属（汞、锌、铜等），在化肥和农药施用不合理的情况下，这些重金属可能会进入土壤造成重金属污染。当人们在被污染的土地上进行农业活动时，种植出的农作物自然也会受到重金属污染。这些农作物经过收割、售卖、烹饪，最终被制作成美味佳肴端上餐桌，人们根本无从得知这些菜肴居然会成为健康隐患。

生活垃圾中也可能含有重金属，如废旧电池和电子废弃物等。如果处理不善，这些重金属在雨天可能会随着雨水的流动渗入土壤，进而继续沿着“土壤—植物—人体”或“土壤—水—人体”的途径迁移，危害人体健康。

正是因为金属污染与人类活动有着密切的联系，所以人类也正在努力解决这些问题。例如，有研究正在探索利用生物多样性等原理提高土壤重金属修复的效率，同时产出安全食品，避免重金属进入食物链。这些努力显示了人类对环境保护的重视，也提示我们需要更加关注人类活动对环境的影响。总的来说，人类活动与金属污染之间的联系较为复杂，需要我们持续关注和研究。

金属污染对人体健康的危害

环境污染现已成为严重影响人类健康的重要因素之一。某些环境污染因素能污染环境并使环境质量恶化，从而在直接接触或间接接触的人群中引发疾病，这类疾病被称为环境污染性疾病，其中就包括金属污染引发的疾病，如慢性甲基汞中毒和慢性镉中毒。

1. 慢性甲基汞中毒

慢性甲基汞中毒主要与化工企业的含汞废水排放有关。慢性甲基汞中毒病例最早发现于日本熊本县水俣湾地区，即水俣湾汞污染事件，这是慢性甲基汞中毒的典型案例，因病例出现于日本熊本县水俣湾附近渔村，故该病被命名为水俣病（Minamata disease）。

当环境被汞（甲基汞）污染时，水域中的鱼贝类等生物可被水体汞（甲基汞）污染，导致生活在该区域内的人群体内的甲基汞含量超过阈值，从而引发以中枢神经系统损伤为主要中毒表现的疾病。该病最突出的症状是神经精神症状，早期表现为神经衰弱综合征。严重者可出现肢端感觉麻木、向心性视野缩小、共济运动失调、语言和听力障碍等症状，被称为 Hunter-Russel 综合征（Hunter-Russel syndrome）。母亲在妊娠期间摄入的甲基汞可通过胎盘进入胎儿体内，导致胎儿发生中枢神经系统障碍性疾病，这种情况下引发的疾病被称为先天性水俣病，又称“胎儿性水俣病”。患儿的症状往往比成年患者的症状更严重，主要表现为咀嚼、运动、言语和智力发育障碍等一系列症状，随年龄增长可出现明显的智力低下、发育不良以及四肢变形等问题。

2. 慢性镉中毒

当土壤和水域受到镉污染时，该区域内生长的稻米和鱼贝类生物中的镉含量随之升高，生活在这片区域内的人群若长期食用被镉污染的稻米和鱼贝类食物，会因体内镉含量蓄积并超过阈值而出现慢性镉中毒的症状，主要表现为肾脏和骨骼损伤。慢性镉中毒的典型案例是痛痛病（itai-itai disease），该病发生在日本富山县神通川流域的部分镉污染地区。患者全身剧烈疼痛，终日不止，“痛痛病”由此得名。患者在发病初期可能只出现腰、背、膝关节疼痛的症状，疼痛表现为刺痛，但随着病情的持续加重可演变为全身疼痛。除疼痛外，该病还可导致骨骼的多种病理损伤，如骨骼畸形、病理骨折、骨软化症等。此外，患者的肾功能损伤也较为明显，严重者会出现肾衰竭症状。

由此可见，金属污染会对人类健康造成严重危害，我们需要更加关注人类活动对环境的影响，这不仅关系到可持续发展问题，更是与人类种族延续息息相关。因此，我们在接触金属时应保持警惕，尽量避免金属污染带来的健康隐患。

如何防治金属污染对人体健康的危害

为了防治金属污染对人体健康的危害，需要从多个角度进行考虑并采取相关措施，具体而言，可参考以下几个方面。

（1）空气污染严重时，应尽量减少外出，如需外出，应佩戴防护口罩。在室内时，应关闭门窗以防止外界污染气体进入室内，条件允许的情况下可使用空气净化器等设备改善室内空气质量。

（2）从监管部门角度来说，对水源的选择应严格谨慎，在供水过程中应避免使用含铅管道或铅焊接的容器，做好水质的定期检测工作，让老百姓喝上放心的水。从个体角度来说，我们要饮用来源安全可靠的水，自来水应煮沸后再饮用，家中可安装过滤装置进一步对水质进行处理。

（3）我们在选择食物时，应尽量选择无公害或绿色有机的食物，避免食用受到金属污染的农副产品，尽量减少食用加工后某种金属元素较高的食品（如皮蛋）。注意不要养成挑食、偏食的习惯，要保持饮食的多样性以达到营养均衡。对餐具也要有一定的要求，尽量选择食品级材料制作的餐具。

（4）日常生活中，要注意增加膳食中钙、铁、锌、硒等无机元素的摄入，并适当补充维生素 C、维生素 E 等抗氧化剂，有利于提高机体免疫力，减轻有害金属元素对机体的损伤。

（5）定期进行健康体检，检测血液、尿液、头发等中的金属含量，及时发现和治疗金属中毒，避免延误病情，造成不可逆的健康损害。

（6）可适当参与环境保护类公益活动，倡导绿色生活方式。例如，适当减少驾车次数，选择步行或骑自行车的方式出行。又如，减少使用一次性用品，买菜、购物时使用可循环利用的菜篮、布包，就餐时使用消毒筷而非一次性筷子。

总之，要想防治金属污染，就必须减少人类活动对环境的污染和破坏，只有这样我们才能为自己和下一代创造一个健康的生活环境。

本章要点

人类与金属的接触史

- 铜和青铜。
- “陨铁”。
- 水银和朱砂。
- 铅制品。

日常生活中的金属摄入

- 环境污染。
- 日常饮食。
- 呼吸与饮水。

人类活动与金属污染之间的联系

- 采矿和冶金活动。
- 传统农业生产。
- 生活垃圾。

金属污染对人体健康的危害

- 慢性甲基汞中毒。
- 慢性镉中毒。

如何防治金属污染对人体健康的危害

- 改善空气质量。
- 严格选择水源，定期检测水质。
- 健康饮食，保持营养均衡。
- 注意补充营养素。
- 定期健康体检。
- 适当参与环境保护类公益活动，倡导绿色生活方式。

第2篇

常量金属元素

第4章 你需要知道的“钠”些事儿

生命起源于海洋，在不断演化的几十亿年间，早已习惯了环境中钠（Na）的存在。虽然钠几乎不直接参与生命活动中的化学反应，但是它的存在对于生命活动非常重要。人体中，钠属于必需的七种常量元素之一，是人体的必需元素。尽管人体内的钠只占体重的0.15%，但它却是人体生命和活力的发动机。现在我们来谈谈你需要知道的“钠”些事儿。

人类生命和活力的发动机

在人体内，钠广泛存在于细胞外液（44%~50%）、骨骼（40%~47%）和细胞内液（9%~10%）中，是人类细胞液的重要组成成分，在多个方面支持着机体活动和生理功能的正常运转，因此也被誉为人类生命和活力的“发动机”。

那么就让我们一起来看看，钠究竟维持着我们身体哪些功能的正常运转。

（1）维持人体血压、内环境和水平衡的稳定。人体内的钠主要以离子形式存在于细胞外液中，占细胞外液中阳离子的90%，构成了细胞外液的渗透压，维持着细胞内外液的渗透压平衡，阻止易脆的细胞膜被破坏。同时，钠与人体内的水关系密切，人体内水含量会随着钠含量的变化而变化。如果人体内钠增多，则人体会通过渗透作用从饮水或食物中吸收更多的水分；反之，如果人体内钠减少，那么水分就会进入血液，随着血流进入肾脏，最后成为尿液排至体外。另外，细胞外液中钠离子浓度细小而持续的变化对血压可以产生很大的影响。因此，人体内的钠起着调节血压、细胞外液容量、水和渗透压平衡的作用，保证人体的各种生理功能在一个平衡稳定的内环境中正常运转。

（2）增强神经和肌肉的兴奋性。钠通过一些酶的作用，可维持神经冲动的传递。钠还可促进人体代谢，有助于体内的氧利用。正是这一系列的协同作用，使我们能更好地控制肌肉活动及神经系统的生理功能。

（3）调节机体能量代谢。人体生成和利用能量需要通过钠钾泵来维持钠、钾的浓度梯度，人体内的糖代谢和氧利用也需要钠的参与。钠的存在可加快人体代谢，有助于体内的氧利用。

（4）维持体内酸碱平衡。钠可帮助肾脏进行氢离子交换，还可参与清除体内的二氧化碳，维持我们身体的酸碱平衡。

（5）参与胰液、胆汁、汗和泪水的形成。钠是胰液、胆汁、汗和泪水的重要组成成分。此外，人体内的钠对胰液、胆汁、汗和泪水的分泌起促进作用，有助于维持胰腺、胆囊、泪腺和汗腺的正常功能。

如何辨别钠缺乏

目前，食物中的钠已能满足我们机体的需要，钠缺乏大多是由于机体处于患病等特殊状态。例如，大量出汗或腹泻导致钠过量排出；输液、喝水等行为使大量液体进入体内，稀释了体内的钠；节食、禁食导致机体吸收的钠不足。钠在人体内承担着重要的工作，那么钠缺乏会对人体产生什么影响呢？

（1）消化系统症状：恶心、呕吐、反酸、烧心、腹胀、腹痛、厌食、厌油腻。

（2）心血管系统症状：胸闷、气短、心前区不适。部分患者还可能出现心律失常的症状，表现为心前区有压榨样的闷痛。

（3）神经系统症状：头晕、头痛、注意力不集中、记忆力减退、失定向、步态蹒跚，严重者还会出现神经系统障碍。

（4）肌肉症状：周身肌肉酸痛、乏力、痉挛性疼痛。

（5）低钠血症：严重的低钠血症甚至会导致呼吸困难、皮肤严重干燥、眼窝凹陷等情况，如果合并脱水，还会伴随明显脱水貌。

正确理解钠过量

上文详细介绍了钠在我们人体中承担了哪些生理功能，钠缺乏会对我们人体造成哪些严重的不良反应。钠虽好，但过犹不及，摄入钠过量同样会对我们的身体造成伤害。在日常生活中，我们每天饮食摄入的钠就已经满足身体的需要。钠缺乏不再是常见的问题，但钠过量正在逐渐成为人们头疼的问题。2019 年的一项研究发现，当前我们的饮食中食盐含量严重超标，我国成人每天人均食盐摄入量为 10 g，3~6 岁儿童每天人均食盐摄入量为 5 g，6~16 岁青少年每天人均食盐摄入量为 9 g（图 4–1）。然而《中国居民膳食指南（2022）》提到，每天食盐推荐摄入量仅为 5 g，60 岁以上和 16 岁以下人群还应适当减量。那么，钠过量会对我们的身体造成什么样的副作用呢？

图 4–1　钠过量

1. 急性中毒

正常人每天摄入35~40 g食盐就可发生急性中毒，引起高钠血症，出现水肿、血压上升、血浆胆固醇升高。

2. 高血压

钠摄入过量或排出不足会影响肾脏调节血压、水和电解质的能力。长期食用高钠低钾食物的人比一般人更容易出现高血压。

3. 心血管疾病

长期高钠饮食可使血压升高，血浆胆固醇水平增加，脂肪清除率降低，小血管脂质沉着，从而增加动脉粥样硬化、高脂血症等心血管疾病的发生风险。

4. 慢性肾脏病

钠过量可能会对肾脏产生压力，加重肾脏重吸收等功能的负担，使肾脏长期超负荷运转，影响其正常功能，从而增加慢性肾脏病的发生风险。

5. 脱水

尽管钠可以帮助人体维持水分平衡，但是过量的钠会导致细胞液大量进入血液，同时肾脏为了排出体内多余的钠会增加尿量，最终导致脱水。

钠是一把双刃剑

钠就像一把双刃剑，过多或过少都会对人体产生伤害。我们要时刻关注自己的身体状态变化，预防钠的缺乏或过量。不过，这并不意味着只要出现了上文描述的一项或几项症状，就表明我们存在钠缺乏或钠过量，还要结合日常生活习惯等多种因素具体分析和判断。

如果想要更严谨客观地确认是否存在低高钠血症或高钠血症，我们可以到医院或相关机构测量血清钠浓度、血清电解质浓度、血清渗透压和尿钠浓度，然后根据检查结果和症状，由医生判断是否为钠缺乏或钠过量。

补钠要知道的事

钠普遍存在于我们常见的各种食物中，每天合理饮食摄取的钠便可满足人体正常活动的需要。因此，更加推荐通过饮食而不是保健品或药物来调节我们身体中的钠含量。常见的食物中，一般水产和肉类的钠含量高于蔬果，而蔬菜的钠含量又比水果高。源于我们每天吃的蔬菜、水果和肉类等天然食物中的钠大概只占我们每天钠摄入量的21%。其余的钠主要来自我们在加工和制备食物过程中加入的食盐或其他调味品，如酱油、味精、腌制或烟熏的肉类、泡酱咸菜类、发酵豆制品、咸味休闲食品等。除此之外，钠还可以通过饮用水进入人体，通常地区饮用水的钠含量一般小于20 mg/L，不过部分地区饮用水的钠含量很高，可高达220 mg/L。

进入人体的钠中，70%~75%的钠成为可交换钠，称为钠库，在人体缺钠时可以补充到细胞外液中；剩下的钠则进入骨骼中，成为不可交换钠，很难再进入血液中补充人体缺少的钠。而每天多余的钠则会经肾脏随尿液排至体外。在正常情况下，肾脏根据体内钠的含量，每天可排出0.02~20.00 g的钠。此外，人体每天还有少量的钠可随汗液、粪便排出。

看到这里，我们知道了人体内的钠需要保持适宜的量，不能多也不能少（图4–2）。那么，我们到底怎样补钠才算科学适量呢？

图4–2　钠平衡

根据《中国居民膳食营养素参考摄入量（2023版）》推荐，成年前要按年龄逐渐增加钠的每天摄入量以满足儿童、青少年的成长需要；成年后钠的每天摄入量略微减少，65岁后再次减少。总的来说，正常人按《中国居民膳食指南（2022）》推荐的每天摄入食盐量低于 5 g（略少于一茶勺）是较为安全的。

提防补钠陷阱

每天补钠要适量，我们在依据《中国居民膳食指南（2022）》补充身体每天所需钠量的同时，还需要小心提防补钠路上藏着的许多小陷阱。

（1）并非只要少吃盐就一定可以避免钠过量。我们日常生活中使用的许多调味品的含钠量并不比食盐少多少，如鸡精、味精、酱油等。仅单纯减少食盐的摄入量并不能完全保护我们，日常生活中还需要适量地减少高钠调味品的使用，可选择天然的香料、香草以及其他无钠或低钠的调料（如黑胡椒、柠檬汁）来增加食物的口感。

（2）少吃具有隐藏盐的高钠食物。加工食品和方便食品（如罐头、方便饭、方便面）虽然看起来没什么盐或调味品，但实际上内部却潜藏着大量的钠。少吃薯片、饼干、肉干、酱菜等高钠食物，尽量选择新鲜的食物。自己在家烹饪也是保证每天健康饮食的方式之一。

（3）喝充足的水，经常运动出汗可帮助身体排出多余的钠。但需要注意，排汗不能取代饮食管理而成为我们控制体内钠含量的主要手段，盲目地大量饮水和运动会给我们的身体带来额外负担，还可能导致水肿或脱水的发生。

（4）多吃含钾食物可帮助我们减少体内的钠含量。钠与钾是一对“欢喜冤家”，两者相互合作、相互抑制，多食用含钾食物可促进钠的排出。

清淡饮食、适量饮水、适度运动、多吃新鲜食物是我们跨过补钠小陷阱的不二法宝。只要知道补钠需要注意的地方，趋利避害，那么我们保持体内钠含量正常就不再是一件难事。

本章要点

钠功能

- 维持人体血压、内环境和水平衡的稳定。
- 增强神经和肌肉的兴奋性。
- 调节机体能量代谢。
- 维持体内酸碱平衡。
- 参与胰液、胆汁、汗和泪水的形成。

如何补钠才正确

- 0~0.5 岁：适宜摄入量为 170 mg/d。
- 0.5~1 岁：适宜摄入量为 350 mg/d。
- 1~4 岁：适宜摄入量为 700 mg/d。
- 4~7 岁：适宜摄入量为 900 mg/d。
- 7~11 岁：适宜摄入量为 1200 mg/d。
- 11~14 岁：适宜摄入量为 1400 mg/d。
- 14~18 岁：适宜摄入量为 1600 mg/d。
- 18~50 岁：适宜摄入量为 1500 mg/d。
- 50~80 岁：适宜摄入量为 1400 mg/d。
- 80 岁以上：适宜摄入量为 1300 mg/d。

钠过量

- 急性中毒。
- 高血压。
- 心血管疾病。
- 慢性肾脏病。
- 脱水。

钠缺乏

- 消化系统症状。
- 心血管系统症状。
- 神经系统症状。
- 肌肉症状。
- 低钠血症。

第 5 章

心血管守护天使——钾

钾，元素符号 K，是元素周期表中的第 19 号元素，位于元素周期表第 1 族和第 4 周期。钾是一种非常活泼的金属元素，在自然界中以盐的形式广泛分布于陆地和海洋中，广泛应用于火药、燃料和肥皂的制造。19 世纪 70 年代，钾的活泼性在当时已知金属中居于首位，故中国科学家命名此元素时，用“金”字旁加上表示首位的“甲”字而造出“钾”这个字。

钾与心血管疾病

钾是人体肌肉组织和神经组织中的重要成分之一。已有充分研究证明，钾对预防心血管疾病等慢性病具有重要作用。心血管疾病是目前常见的慢性病之一，是影响心脏或血管功能的一类疾病，又称“循环系统疾病”，包括高血压、冠心病、心力衰竭和脑卒中等。心血管疾病对人类健康危害严重，目前已成为人类健康的“头号杀手”，对人类的健康和生活质量造成巨大威胁。研究表明，增加日常饮食中钾的摄入量有助于降低高血压、冠心病和脑卒中等心血管疾病的发生。补钾对高血压及正常血压者都有降低血压的作用，已有研究证明血压与膳食钾、尿钾、总钾量、血清钾呈负相关，给高血压患者补充钾，可减少降压药的用量。钾摄入不足或缺乏可能会增加心血管疾病的风险，相关研究表明钾摄入不足会使血管壁张力增加，可能导致血管狭窄和高血压的发生，还会影响心脏节律，有心律失常的风险。由此可见，钾与心血管系统息息相关，故也被亲切地称为“心血管守护天使”。

生理功能

钾作为人体必需的一种常量元素，一般成人每天推荐膳食钾摄入量为 2000 mg。钾对于维持正常的心脏、神经和肌肉功能至关重要，在身体的生理过程中发挥着重要的作用。钾对人体的生理作用具体有以下几点。

（1）参与糖和蛋白质代谢。葡萄糖和氨基酸经过细胞膜进入细胞合成糖原和蛋白质时，必须有适量的钾离子参与。每合成 1 g 糖原大约需要 5.9 mg 钾，每合成 1 g 蛋白质大约需要 7.6 mg 钾。我们日常的生理活动也需要一定量的钾来维持，如果缺乏钾，糖和蛋白质的代谢将受到影响。

（2）维持细胞的正常活动。钾主要以离子形式存在于细胞内，对维持细胞正常活动具有重要意义。细胞外液中的钾离子和细胞内液中的钾离子可进行相互交换，这种交换通常发生在肾脏和肠道中。当血液中的酸碱度值下降时，肾脏会通过排泄过多的氢离子来调节这种酸碱不平衡。同时，肾脏也可以将钾离子从尿液中重吸收到血液中，以帮助补充体内钾离子的缺失。因此，钾离子有助于调节体内的酸碱平衡，保持机体内环境的稳定性。

（3）维持神经肌肉的应激性。细胞内的钾离子和细胞外的钠离子联合作用，可激活钠钾 ATP 酶而产生能量。血钾降低时，神经肌肉的应激性降低，从而引起松弛性瘫痪；血钾过高时，神经肌肉失去应激性，会造成肌肉麻痹。

（4）维持心脏的正常功能。心肌细胞内外的钾含量与心肌的自律性、传导性和兴奋性有密切的关系。钾缺乏时，心肌的兴奋性增高，心动过速；钾过量时，心肌的自律性、传导性和兴奋性受到抑制，心跳过慢；以上两种情况均可引起心律失常。

（5）降低血压的作用。许多研究证实补钾对高血压及正常血压者具有降低血压的作用，而且对高血压者的作用较正常血压者强，对钠敏感者的作用尤其明显。

总之，钾作为人体内不可或缺的常量元素，对于维持正常的心脏、神经和肌肉功能至关重要，钾参与调节多种生理过程和代谢，对人体健康有着重要的作用。体内缺乏钾时，可能会出现多种不良后果。

钾缺乏的原因

一位患有高血压并在服用降压药的老人来到医院，说最近自己出现心悸、嗜睡、四肢无力等症状。经过相关检查后，老人吃惊地发现出现这些症状的原因是自己血钾水平降低。医生根据检查结果判断老人的血钾水平降低是老人服用的降压药物导致的。降压药物一般通过促进肾脏排泄尿液中的钠离子来减少体内过多的水分和盐分，但同时也会导致体内的钾离子排出过多而引起低钾血症。长期服用此类降压药物会减少血液中的水分，增加排尿次数，使钾离子随着尿液一起被排至体外，久而久之，体内的钾离子浓度就会下降，血钾也会随之降低。

还有什么原因会引起我们的身体缺钾呢？钾缺乏一般分为两种，钾摄入不足或钾排出过多。我们都知道，钾是人体必需的常量元素之一，人体无法自主合成，一般通过饮食摄入。钾摄入不足者一般会有长期挑食、饮食不规律或进食量过少等不良饮食习惯。一些心血管疾病患者饮食偏高脂、高糖、高盐，缺乏蔬菜、水果等富钾食物的摄入，他们也可能会因钾摄入不足而出现缺钾的症状，主要表现为肢体麻木，尤其下肢无力。昏迷或手术后长时间禁食的患者也可能出现钾摄入不足，如果不及时补钾会出现缺钾的情况。钾排出过多常见于服用利尿药物的患者。许多心血管疾病患者需要服用利尿药物来控制水肿和高血压等症状，药物在促进排泄尿液中钠离子的同时也导致体内的钾离子排出过多，从而引起低钾血症。因此，当患者服用利尿药物时，医生通常会更加关注并监测患者的血钾水平。此外，肠胃炎患者也可能会因频繁腹泻而丢失过多的钾，如果胃肠道部位受到细菌感染，钾会随粪便排至体外。

钾缺乏的症状

钾是维持生命不可或缺的元素之一，机体缺钾时会出现异常状况。钾也是肌肉活动必需的元素之一，机体缺钾会降低肌肉的兴奋性，使肌肉的收缩和放松无法顺利进行，从而出现全身乏力、肌肉酸痛、容易倦怠等表现。在消化系统方面，机体缺钾会妨碍肠道蠕动，导致胃肠功能减弱，引起便秘、消化不良等症状。缺钾对心脏造成的伤害最严重，低钾血症患者会出现心动过速等症状，重症者还会出现心室扑动、心室颤动、心脏骤停等症状。还有研究显示钾缺乏可能是人类因心脏病死亡的最主要原因。

总之，当体内钾含量不足时，身体会出现各种不良反应，提示我们需要补钾。我们应注意身体的种种变化，当出现上述症状时，及时到医院进一步诊断，以确认是否是钾缺乏引起的问题。就诊时，医生可能会进行血液检查或其他相关检查以检测血钾水平，患者要在医生的指导下及时补钾。

如何日常补钾

了解了钾对人体的重要作用和缺钾可能造成的严重后果后，我们该如何在日常生活中合理摄入钾来预防和管理心血管疾病呢？首先，为了预防钾缺乏，我们在日常生活中应该均衡饮食，可以适当增加富钾食物的摄入，香蕉、红薯、坚果、蔬菜（如菠菜、西兰花、芹菜）等都属于富钾食物（图 5–1）。其次，我们要避免高盐饮食，高盐食物通常富含钠，而对心血管疾病患者来说最重要的就是维持体内钠钾平衡。此外，针对某些心血管疾病患者，医生可能会建议他们服用钾补充剂，以提高血液中钾的浓度。不过，需要注意，服用钾补充剂要遵照医嘱，不可过量使用，使钾在体内维持适宜、稳定的含量。

图 5-1　富钾食物

钾在维持心脏和血管的正常功能方面发挥着巨大作用，是心血管疾病患者不可忽视的元素。管理血钾水平，制订合适的治疗管理计划，也是心血管疾病患者必不可少的课题。

本章要点

中国居民膳食钾适宜摄入量

- 0~0.5 岁：适宜摄入量为 350 mg/d。
- 0.5~1 岁：适宜摄入量为 550 mg/d。
- 1~4 岁：适宜摄入量为 900 mg/d。
- 4~7 岁：适宜摄入量为 1200 mg/d。
- 7~11 岁：适宜摄入量为 1500 mg/d。
- 11~14 岁：适宜摄入量为 1900 mg/d。
- 14~18 岁：适宜摄入量为 2200 mg/d。
- 18 岁以上：适宜摄入量为 2000 mg/d。
- 乳母：适宜摄入量为 2400 mg/d。

钾的生理功能

- 参与糖与蛋白质的代谢。
- 维持细胞正常活动。
- 维持神经肌肉的应激性。
- 维持心脏正常功能。
- 降低血压。

钾缺乏的症状

- 肌肉酸痛。
- 疲乏倦怠。
- 消化系统障碍。
- 心律失常。

钾缺乏的原因

- 钾摄入不足。
- 钾排出过多。

如何补钾

- 食物补充。
- 药物补充。

第 6 章

闪耀的元素“镁”那么简单

镁（Mg）是人体不可缺少的重要营养素，其重要性可与钙相提并论，其对人体的作用非常惊人。镁在人体内的含量比钙和磷少得多，成人体内的镁含量为 20~35 g，其中约 60% 的镁以磷酸盐和碳酸盐形式沉积在骨骼表层，其余大部分存在于细胞内。镁几乎影响到人体的每一项重要功能，包括肌肉收缩、心跳、造骨、血糖调节、荷尔蒙作用、神经系统功能等。镁对所有活体细胞而言都是不可或缺的，如同铁存在于血红蛋白中那样，人体消耗能量时，镁更是少不得。

镁的来源

曾在网上看到这样一个段子，“液！态！镁！尽管再危险！总有人黑着眼眶做实验！破！钛！镁！尽管再危险！愿赔上了一切超支经费的泪！”那么，镁是怎么被发现的呢？

镁的发现其实是一个很有趣的故事，镁是元素周期表第 2 周期的一种金属元素，与钙和锶都属于同一个元素家族。很久以前，古罗马人认为古希腊的马格尼西亚（Magnesia）地区出产一种白色的镁盐，可以治疗多种疾病，后来这一地区的名字也就变成了镁元素的名称。1618 年，一位英国农民试图给他养的奶牛喂井里的水。井水十分苦涩，奶牛很少饮用，但农夫注意到这口井里的水似乎可以治愈划痕和皮疹，后来随着技术不断发展，人们才发现这个苦水其实是水合硫酸镁（$MgSO_4 \cdot 7H_2O$）。1755 年，英国化学家、物理学家约瑟夫·布莱克（Joseph Black）在生石灰中分辨出了苦土（所谓苦土就是氧化镁），并认为这是一种元素。1808 年，被称为“电解狂魔”的英国科学家汉弗里·戴维（Humphry Davy）通过电解反应首次从化合物中提取了少量高纯度的金属镁。1831 年，法国科学家通过氯化镁和钾反应制取了大量高纯度的金属镁，使广大科学工作者得以对其进行研究。

镁的进阶

19 世纪中叶，随着钢铁工业的发展，人们开始广泛使用镁合金来生产轻便的飞机部件等，使镁得到了更为广泛的应用。当时，人们普遍认为镁只是一种罕见元素，对人体的意义并不大。直到 1934 年，埃尔默·麦科勒姆（Elmer McCollum）通过实验观察到狗和老鼠缺乏镁会出现明显的生长发育异常，至此，人们才开始认识到镁的生物学重要性。此后，科学家对镁营养素的研究逐渐深入，越来越多的研究发现镁与骨骼、心血管系统和精神健康等众多方面有着密切关联。

镁可以通过调节骨质生成和降低骨吸收来提高骨密度，帮助人体保持正常的骨骼结构。同时，镁在调节血压、维持心肌健康及舒缓紧张情绪等方面起到重要作用，成为我们平时营养调节中不可忽略的元素之一。不同人群的镁摄入量是不同的，根据《中国居民膳食指南（2022）》推荐，成年男性每天的镁摄入量为 350 mg，成年女性为 300 mg，孕妇以及哺乳期妇女为 370 mg，2~3 岁儿童为 150 mg，3~6 岁儿童为 200 mg。正常人可耐受最高摄入量（tolerable upper intake level，UL）为 700 mg/d。

“镁”意延年

地球上有着成千上万种植物，而植物获取营养的主要方式就是进行光合作用。植物通过光合作用产生叶绿素，叶绿素是一种十分神奇的分子，它可以将太阳能转化为糖类的化学能，从而为植物源源不断地提供能量。而动物是直接或间接利用植物中的化学能生存的。叶绿素中除了有碳、氢、氧、氮元素，还有一个重要的金属元素——镁。镁是叶绿素的核心分子，没有镁，叶绿素就不能稳定存在，可见镁的作用之大。

镁是人体中质量丰度排名第十一的元素，在所有细胞和 300 多种酶中都是必不可少的。镁可激活和调节 300 多种酶系统，参与多种代谢过程，不仅有助于保持骨骼健康，还有助于肌肉收缩和舒张，能够维持心脏健康并保持神经和肌肉系统平稳运作。下面将从多个方面探讨镁对人体健康的作用。

1. 镁与骨骼健康

（1）镁可促进骨骼生长。

骨骼的生长与发育需要大量营养物质，其中镁是不可缺少的元素之一。镁作为骨骼中的重要成分，是骨骼中的第四大元素，占骨骼总量的 1%~2%。除了作为骨骼中的化学成分起重要作用，镁还可以调节骨骼细胞的活动。研究表明，镁可以影响成骨细胞和破骨细胞的功能，从而对骨骼的生长与修复产生巨大影响。具体来说，成骨细胞是负责生成新骨组织的细胞，而破骨细胞则参与骨骼的吸收和重塑，适当的镁可减少破骨细胞活性，促进成骨细胞增殖和分化，从而促进骨骼的生长与修复。因此，当我们觉得骨骼不舒服时，不要只想着补钙哦，补镁也很重要。

（2）镁可促进骨骼代谢。

既然镁可促进骨骼生长，那么代谢过程自然也少不了它。骨骼代谢是指骨骼中的细胞吸收和生成过程，对骨骼的健康生长和稳定起着重要作用。镁可以协助细胞膜调节对钙的需求，使钙流入细胞内。当身体摄入的钙过量时，镁可以促进钙在骨骼中沉积，并减少肾脏排泄，保证骨骼中的钙储备；

反之，当身体缺乏钙时，镁可以帮助维持体内正常的钙含量水平，调节钙的比例，促进钙的吸收和利用，从而加强骨骼的钙化过程。此外，镁还可以调节骨骼细胞的代谢水平和活性，帮助维持骨骼的健康状态，促进骨骼的代谢。由此可见，钙镁一家亲！

（3）镁可预防骨质疏松症。

骨质疏松症是一种常见的骨骼疾病，会导致骨骼变得脆弱和易碎。目前，大量研究发现膳食补充镁可从一定程度上预防骨质疏松症，降低骨折风险。而镁摄入量与老年人的骨密度和骨折风险之间存在着一定的关联。镁摄入量越高，老年人骨密度越高，骨折风险就越低。较高的膳食镁摄入量与较低的骨折风险呈显著负相关性，增加饮食中镁的摄入可能有助于预防骨质疏松症和骨折。

2. 镁与神经系统健康

听说过抑郁症的“克星”吗？镁作为“天然镇静剂”，在神经系统中起着十分重要的作用。

（1）镁可调节情绪。

镁在大脑中参与了多种信号物质的合成和代谢，而这些信号物质都可以调节人的情绪。临床上每年开出数以百万计的镇静剂处方的主要原因之一是为了治疗紧张、易怒和不安导致的情绪紊乱，而情绪紊乱主要是镁缺乏引起的。轻微缺镁的人会变得易怒、高度紧张、对噪声敏感、过度兴奋、忧虑和好斗。如果缺镁情况比较严重或持续时间较长，患者可能就会出现抽搐、震颤、脉搏不规则、失眠、肌肉无力和腿脚抽筋。因此，适当补镁对调节情绪有着积极作用。

（2）镁可预防神经退行性疾病。

随着年龄增长，神经元的数量和功能都会逐渐减弱，这可能导致阿尔茨海默病、帕金森病等神经退行性疾病的发生。研究表明，镁具有保护神经元的能力，它可以减少神经元的死亡风险，维持神经元的正常功能，并促进神经组织的再生和修复，从而预防神经退行性疾病的发生。通俗点来说，镁可以预防老年痴呆。

3. 镁与胃肠道健康

镁能与人体内的多种元素发生反应，生成镁盐化合物，中和胃酸，促使水分滞留，维护胃肠道功能。

4. 镁与生殖系统健康

（1）镁对女性经期前后都有极大的保护作用。

镁可以帮助缓解痛经症状，对血液补给也有极大作用。女性经期经常会出现腿麻、腿疼、浑身无力的现象，镁对这种现象能起到很好的缓解作用。

（2）镁有助于提高男性和女性的生育能力。

镁参与了人体 DNA 的形成，可直接影响人体的生命活力与繁衍能力，甚至可影响到胎儿的出生正常率，严重镁缺乏对胎儿的神经系统和心脏系统都会造成伤害。因此，对正在备孕的夫妇来说，平时要注意合理地摄入镁。

5. 镁与心脑血管健康

镁对高血压有极强的控制作用，对心肌收缩也有极强的控制作用，对心肌梗死、脑卒中等病症有一定的控制和治疗作用。针对脑供血不足者，镁可提高其脑供血量。

总而言之，镁对人类而言有着积极的健康作用，是人体重要的常量元素，其营养作用应受到更普遍的重视。

“镁”中不足

相比维生素、钙、蛋白质、铁等营养素，人们对镁的认识还相对不足。《环境与职业医学》刊登的一项研究选取了“中国健康与营养调查”1991—2018 年的 10 轮调查中有完整社会人口学和膳食调查数据的人群作为研究对象，分析我国膳食镁摄入状况、人群摄入不足率及变化趋势。结果显示，近 30 年来，我国膳食镁摄入不足率上升十分明显（图 6–1）。膳食镁摄入量中位数由 1991 年的 283.7 mg/d 下降至 2018 年的 238.89 mg/d；2018 年，60.9% 的调查对象存在膳食镁摄入不足，其中男性为 53.94%，女性为 65.35%，

14~17 岁人群膳食镁摄入不足率更是高达 71.29%；2018 年，我国 15 个省（自治区、直辖市）18~64 岁的人群中，女性较男性、城市居民较农村居民、南方居民较北方居民的膳食镁摄入不足发生风险分别增加 64.6%、24.6%、43.6%，属于膳食镁摄入不足的高危人群。

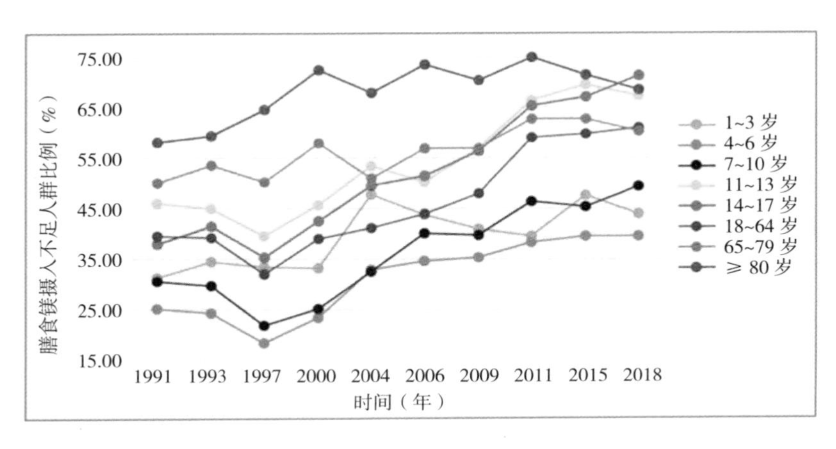

图 6-1　膳食镁摄入不足人群比例

人体常见的镁缺乏表现有以下 9 种。但要注意，不是出现下述任何一种表现就一定需要补镁，还应结合日常生活习惯等多种因素具体分析。如果怀疑缺镁，请到医院做相关检查（图 6–2）。

（1）肌肉抽搐。

肌肉抽搐是镁缺乏的第一个迹象，微妙、不易察觉，发生时往往不会被特别注意。大多数镁储存在组织中，腿抽筋、脚痛或肌肉抽搐可能是镁缺乏最先出现的症状。其他早期症状包括食欲不振、恶心、呕吐、疲劳和虚弱。随着镁缺乏越来越严重，麻木、刺痛、癫痫发作、性格改变、心律异常和冠状动脉痉挛都可能发生。镁缺乏几乎可以影响身体的每个器官系统。在骨骼肌方面，镁缺乏者可能会出现抽搐、痉挛、肌肉紧张、肌肉酸痛、背痛、颈痛、紧张性头痛和颞下颌关节功能障碍。此外，镁缺乏者还可能会出现胸闷或不能深呼吸的特殊感觉，或是经常叹气。

（2）平滑肌收缩受损。

平滑肌是指人体内除心肌、骨骼肌外的其他肌肉组织。镁缺乏引起的

图 6-2 镁缺乏的症状

症状主要包括便秘、尿道痉挛、痛经、吞咽困难、畏光，这些是平滑肌收缩受损的表现。俗话说便秘要多吃蔬菜、水果，原因之一就是蔬菜、水果中蕴含着大量的镁。

（3）心血管疾病。

镁缺乏会导致心悸、心律失常以及冠状动脉痉挛引起的心绞痛、高血压和二尖瓣脱垂。要注意的是，并不是出现所有症状才能推定为镁缺乏；不过，许多症状往往同时出现。例如，患有二尖瓣脱垂的人经常有心悸、焦虑、惊恐发作和经前症状。

（4）中枢神经系统疾病。

镁缺乏可影响中枢神经系统，症状包括失眠、焦虑、多动、烦躁不安、惊恐发作、广场恐惧症和经前烦躁。镁缺乏还可影响周围神经系统，症状包括麻木、刺痛等异常感觉。

（5）入睡困难。

你是否很惊讶，为什么缺镁会导致入睡困难呢？镁是人体内色氨酸转化为褪黑素过程中的重要辅助物质。如果体内缺镁，血清素和自体褪黑素的产生都会面临障碍。而褪黑素是维持昼夜节律的关键激素，褪黑素减少不仅会影响我们的入睡时间，还有可能引起身体的其他健康问题。同时，镁可通过刺激 γ－氨基丁酸（γ-aminobutyric acid，GABA）神经元的受体，促使 GABA 释放。GABA 是中枢神经主要的抑制性神经递质，会在我们睡眠时持续压抑多种大脑内唤醒性神经递质，是我们维持睡眠不被唤醒的关键。如果体内缺镁，GABA 的释放量和作用都会降低，可能导致睡眠时间减少并影响睡眠深度。

（6）疲劳感。

身体的主要能量驱动力存在于名为三磷腺苷的分子中，这种能量来源必须与镁离子结合在一起才能具备生物活性。因此，体内如果缺镁，将无法产生能量。

（7）偏头痛。

人体能量代谢需要多种酶的协同作用。体内缺镁会导致能量产生不足，从而使细胞的兴奋性增加，在某种条件下会诱发偏头痛。镁摄入不足会导致血细胞的收缩和人体神经递质的释放过程受阻，这两个因素也可能导致偏头痛。偏头痛患者的镁摄入量通常低于正常人。

（8）抑郁。

研究表明，当体内缺镁时，患者会郁郁寡欢、乏力倦怠、情绪消极化，这是因为镁具有抑制神经应激性的作用。因此，对抑郁症患者来说，平时可以多吃一些含镁的杂粮、粗粮，最好是粗粮、细粮搭配食用。

（9）痤疮等皮肤问题。

镁是天然保湿因子（natural moisturizing factor，NMF）的成分之一。除了这个身份，镁在其他方面也与皮肤息息相关。痤疮发生时，镁有助于防止炎症的发生，从而帮助控制痤疮。局部外用镁也是一个很古老的解决皮肤问题的方法。葡萄糖酸镁是很多护肤品的成分之一。

除了病理性疾病，不良生活习惯也会导致镁的流失。

（1）喜欢高碳水饮食：消耗 1 个葡萄糖需要 28 个镁原子，分解 1 个果糖分子需要 56 个镁原子。吃的糖越多，消耗的镁就越多。

（2）经常喝酒：酒精可以抑制抗利尿激素的产生，会让人一直想上厕所，而排泄过程会带走体内的钠、钾、镁。

（3）喜欢吃、经常吃加工食物：食物经过分加工会丢失大量的镁。

（4）经常喝咖啡：咖啡会影响肠道对镁的吸收。咖啡喝得越多，肠道吸收的镁就越少。

闪耀的元素

金属镁的燃烧呈现白色火焰。金属镁一旦开始燃烧，就几乎不可能熄灭，因为它会与氧气、水、氮气发生放热反应，严重时甚至会爆炸。例如，美国洛杉矶一家镁工厂爆炸起火，爆炸时天空呈现一片白色，白色的光芒刺破苍穹。又如，第二次世界大战期间，镁弹使用广泛，其落地后接触到易燃物会引发大规模火灾。这就警示我们，镁虽耀眼，但很危险！尤其是有小孩的家庭，切忌让小孩在金属镁制品周边玩火，否则会造成巨大灾难！

消化吸收“镁”知识

膳食镁可以在肠道被吸收，其主要吸收部位在空肠末端和回肠，吸收率为 30%~50%。镁与钙两者在肠道竞争吸收，相互干扰。

影响镁生物利用率的主要因素如下。

（1）镁摄入量：摄入少时吸收率增加，摄入多时吸收率降低。

（2）膳食成分：膳食成分对镁吸收有很大的影响，既有促进镁吸收的成分，又有抑制镁吸收的成分。膳食中促进镁吸收的成分包括氨基酸、乳糖等。氨基酸可增加难溶性镁盐的溶解度，故蛋白质可促进镁吸收。膳食中抑制镁吸收的成分包括过量的磷、草酸、植酸和膳食纤维等。过量的磷、草酸、植酸和膳食纤维等可抑制镁吸收，镁与植酸的磷酸基结合可降低镁在肠道的吸收率。

（3）钙：由于镁与钙的吸收途径相同，两者在肠道竞争吸收，相互干扰。正常情况下，膳食钙对镁吸收无影响，但钙摄入量超过 2600 mg/d 时会降低镁的吸收率。

（4）饮水量：饮水少会降低镁的吸收率。

这样补镁才科学

镁缺乏不仅会导致人体代谢异常，还是“富贵病”的重要诱因之一。根据《中国居民膳食指南（2022）》推荐，普通成人每天镁的推荐摄入量为 330 mg。叶绿素是镁卟啉的螯合物，因此绿叶蔬菜含有丰富的镁，颜色越绿，含镁越多。粗粮、坚果的镁含量也较高（图 6–3）。肉类、淀粉类食物及牛奶中的镁含量较低。建议每餐至少 2/3 的蔬菜应为深绿色蔬菜，每天至少一餐用糙米或多谷饭替代白米饭，下午可以吃点坚果作为零食。除了饮食，饮水也可获得少量镁。不过，各地区水源不同，镁含量差异较大。硬水的镁含量较高，而软水的镁含量相对较低。

此外，有研究表明，女性是膳食镁摄入不足的高危人群，可能是男女生理差异所致。女性的能量需要量低，当男女不同来源膳食镁摄入占比接近时，女性的整体食物摄入量低于男性，导致膳食镁摄入量存在性别差异。女性应提高膳食质量，多吃富含镁的食物。

那么，每天应该摄入多少镁呢?

根据中国营养学会的最新推荐，普通成人每天应摄入镁 330 mg，孕妇则要增加到 370 mg，不同人群所需的镁摄入量也不同。表 6–1 为常见含镁的食物及其镁含量。

图 6-3　富镁食物

表 6-1　常见含镁的食物及其镁含量

食物	镁含量（mg/100 g）	食物	镁含量（mg/100 g）
腰果	595	大蒜	61
黑豆	243	樱桃	60
大豆	199	菠菜	58
花生仁	176	橘子	45
红豆	164	香蕉	43
黑米	149	柠檬	37
山核桃	130	牛里脊	29
绿豆	125	猪瘦肉	25
苋菜	119	油麦菜	23
燕麦	116	羊里脊	22
松子仁	116	鸭肉	14
小米	107	纯牛奶（全脂）	11
玉米	96	鸡蛋	10

补镁小贴士

（1）补镁要适量，不可把镁当成营养药长期服用。镁和钙在被肠道吸收时会相互竞争，过多的镁会影响钙的吸收。

（2）避免过度加工和烹饪食物。过度加工和烹饪会降低食物中的镁含量。

（3）长期过量饮酒易导致镁严重流失。酗酒易引起胰腺炎等，导致镁排泄增加。因此，喝酒莫贪杯。

（4）浓咖啡、浓茶中的咖啡因含有利尿成分，会增加镁的流失。

（5）环丙沙星、地美环素、左氧氟沙星等药物会影响镁的吸收，氢氯噻嗪片等利尿剂会增加镁的排泄，长期服用这些药物的人容易缺镁。

（6）部分绿叶蔬菜含有较多的草酸，粗粮含有植酸，这些都会影响镁的吸收。建议炒蔬菜前先用沸水焯一下，烹调粗粮前要对其进行浸泡处理。

本章要点

中国人群膳食现状

- 近 30 年来，我国膳食镁摄入不足率上升显著。
- 膳食镁摄入不足人群中，女性多于男性，城市居民多于农村居民，南方居民多于北方居民。
- 膳食镁来源不合理。

膳食镁摄入不足的原因

- 女性是膳食镁摄入不足的高危人群，可能是男女生理差异所致。女性的能量需要量低和整体食物摄入量要低于男性，导致膳食镁摄入量存在性别差异。
- 谷物摄入不足、食物精制可能是南方和城市居民膳食镁缺乏的主要原因之一。
- 肉类摄入量过高可能导致其他富含镁的食物摄入量降低。

镁缺乏的症状

- 肌肉抽搐。
- 平滑肌收缩受损。
- 心血管疾病。
- 中枢神经系统疾病。
- 入睡困难。
- 疲劳感。

- 偏头痛。
- 抑郁。
- 痤疮等皮肤问题。

导致镁缺乏的不良生活习惯

- 喜欢高碳水饮食。
- 经常喝酒。
- 喜欢吃、经常吃加工食物。
- 经常喝咖啡。

科学补镁　生活才美

- 《中国居民膳食指南（2022）》推荐，普通成人每天镁的推荐摄入量为 330 mg。
- 绿叶蔬菜中含有丰富的镁，颜色越绿，含镁越多；粗粮、坚果也含有一定量的镁。
- 肉类、淀粉类食物及牛奶中的镁含量较低。
- 建议每餐至少 2/3 的蔬菜应为深绿色蔬菜，每天至少一餐用糙米或多谷饭替代白米饭，下午可以吃点坚果作为零食。
- 饮用水中含有镁。不过，各地区饮用水的水质不同，水中镁含量的差异也较大。硬水的镁含量较高，而软水的镁含量相对较低。

第 7 章

一瓶“钙”片全家补

钙（Ca）是人体必需的常量元素，也是人体内含量最高的金属元素。成人体内的钙含量占体重的 1.5%~2.0%。人体总钙含量为 1200~1400 g，其中 99% 存在于骨骼和牙齿中，组成人体支架，成为机体内钙的储存库；另外 1% 存在于软组织、细胞间隙和血液中，统称为混溶钙池，与骨钙保持着动态平衡。有一句顺口溜说得非常形象：“男人缺钙雄风不再，女人缺钙衰老变快，小孩缺钙成长不快，老人缺钙小心摔坏！”

钙是我们生长发育的基石

有这样一个小故事：在一个遥远的地方，生活着一群人，他们居住的地方长年见不到阳光，只有月光照明，所以他们被称为“月光族”。由于没有阳光，许多动物和植物都没有办法存活，月光族尝试各种方法，最终为族人保留下来两种食物——大豆和菠菜。一天，月光族收到了位于赤道上最热的国家——海国发来的邀请，请月光族族长访问海国。月光族从来都没有离开过他们生活的地方，但任何事情总会有第一次，于是，族长天格和随从们来到了海国，他们受到了海国国王的热情款待。宴会结束后，天格无意中听见了海国王子与大臣的对话："父王怎么会想到邀请这群走路像鸭子的人来我国做客呢？""是啊，王子英明，您看，就吃一餐饭的工夫，他们一个个像是从水里捞上来似的，衣服都拧得出水了。哪会有这么多汗？真是些丑陋的怪人！"天格的心被深深地刺痛了，但转念一想，海国王子说得没错，海国人民一个个高大俊秀，在宴会上风度翩翩，自己的族人不但矮小，还都是"O"形腿。天格暗自下定决心，要改变族人难看的形象。天格请教了海国国王才知道，族人之所以长成现在这个样子，是因为体内严重缺乏一种重要的营养素——钙。月光族日常吃的大豆里含植酸，菠菜里含草酸，这些都不利于钙的吸收。月光族决定离开之前生活的地方搬到海国去，因为那里阳光照射时间长，食物丰富，有含钙高的干酪、鱼子酱、奶类、牡蛎、虾类等。

钙的前世今生

1808 年 3 月，伦敦正值春天，处处生机盎然。英国皇家研究所的实验室里，时任英国皇家学会秘书的汉弗里·戴维（Humphry Davy）期待从安托万-洛朗·德·拉瓦锡（Antoine-Laurent de Lavoisier）提过的碱土中发现新的元素。戴维首先想到的方法是当时提取新元素最常用的煅烧法，可是他失败了。火温过低时，石灰根本不变样；火温调到 2000 ℃时，石灰分解出来的物质很快被燃烧掉了，无法保存。看来还是需要拿出戴维的看家本领——电解法，当戴维使用那 500 对电极组成的庞大电池组进行电解石灰试验时，电流流过的导线似乎出现了金属的薄膜，但瞬间又暗了下去，看来此路不通！接下来一个多月，戴维用钾还原法、石灰与氧化物混合电解法等进行试验，都没有得到满意的答案。

戴维不断探索，不断尝试，终于找到了分离钙元素的正确方法。他先把湿润后的石灰与氧化汞按照 3 ∶ 1 混合，将其加热到 300 ℃熔融后再用电流电解，得到一种水银和未知金属的混合物，随后加热蒸发掉水银，就得到了一种银白色的金属单质。戴维根据拉丁文中表示生石灰的词“calx”，将这种新元素命名为 calcium，符号为 Ca。

钙是一种在我们人体内“存在感”很强的金属元素，是人体内的常量元素，是人体内最丰富的矿物质，也是必需的营养物质。钙虽然只占人体总元素的 2%，但对人体的生长发育却有着重要作用。不同人群对钙的需求量也不同，世界卫生组织建议年轻人每天摄入钙 1000 mg，65 岁以上男性、绝经后妇女和 9~18 岁儿童建议每天摄入钙 1300 mg。人体不能自行合成或产生钙，只能通过食物等外源性方式摄取钙。缺钙的情况在我们国家尤为常见，第七次全国人口普查结果显示，中国 14 亿人口中有 40% 的儿童和 60% 的中老年人缺钙。鉴于骨骼在人体健康中的根基地位，《“健康中国 2030”规划纲要》明确提出开展“健康骨骼”专项行动，消费者补钙需求大幅增长，钙剂产品市场增长持续走高。钙参与人体的多种重要功能，包括受精、凝血、肌肉收缩、神经冲动传递、分泌活动、细胞死亡、免疫反应、细胞分化和酶激活等生理过程。接下来，让我们一起探索，不同人群缺钙的表现以及如何预防、治疗缺钙。

缺钙的表现

老年人：

（1）皮肤瘙痒，如嘴唇周围、手背等部位瘙痒。

（2）身体多处疼痛，如脚后跟、腰椎、颈椎等部位疼痛。

（3）随着年龄的增长身高逐渐降低，并且开始出现驼背。

（4）消化道出现问题，如便秘、食欲不佳、不容易饿等。

（5）夜间睡眠质量不好、多梦，情绪不稳定，有时暴躁易怒。

婴幼儿：

（1）入睡困难，睡得不踏实，容易中途惊醒、哭闹，睡着后大量出汗。

（2）不爱吃饭，挑食偏食，经常出现肚子疼、拉肚子。

（3）出现“X”或“O”形腿，学步晚，长牙晚，牙齿排列稀疏、不齐整、不紧密。

（4）指甲灰白或有白痕。

（5）严重者还可能出现佝偻病。

孕产妇：

（1）孕中期时（5个月左右），晚上经常出现小腿抽筋。

（2）关节和骨盆疼痛，腰背疼痛不适，牙齿松动或咀嚼食物时感觉牙齿酸软。

（3）出现妊娠高血压等疾病。

孕期保健小贴士

孕妈妈出现缺钙症状时，一定要重视，并及时采取相应补钙措施。胎儿所需的生长发育能量一开始大部分来自母体，若母体缺钙，则会导致胎儿摄取的钙减少，造成相应的不良反应。不过，补钙要适量，世界卫生组织推荐孕妇应该从妊娠14周开始补钙，补钙量为600 mg/d。若补钙进行过早，可能会影响孕妇的食欲，加重早孕反应（图7–1）。

图7–1　孕期补钙

缺钙引起的疾病

（1）骨质疏松症、佝偻病。

缺钙可能会引起老年人和绝经期妇女常见的一种疾病——骨质疏松症。人体主要通过摄取食物来获得所需的钙，而从外界摄取的钙一般会进入血液中形成血钙。当外界摄入的钙量不足时，血液中的钙离子浓度无法保持在一个相对恒定的范围。如果血钙浓度降低，骨骼就会分解出钙离子进入血液以弥补血钙的不足。长期缺钙会导致骨骼中钙的流失，骨骼变得脆弱、易碎。久而久之，缺钙的老年人和绝经期妇女会出现骨折风险增加、身高降低、腰背疼痛以及姿势改变等（图 7–2）。

图 7–2　缺钙引起骨质疏松症

儿童缺钙时容易出现佝偻病。佝偻病是指维生素 D 缺乏引起体内钙代谢紊乱而使骨骼钙化不良的一种疾病。佝偻病发病缓慢，不容易引起重视。佝偻病会降低儿童的免疫力，影响儿童的生长发育。此外，患有佝偻病的儿童还可能同时患有肺炎及腹泻等疾病。

（2）体内血钙平衡系统障碍。

血液中钙含量过多时会导致高钙血症。引起高钙血症的原因有很多，例如，甲状旁腺激素分泌过多，致使钙吸收、骨骼释放钙增多，导致血钙增高。又如，维生素 D、维生素 A 或其他代谢产物进服过多，致使钙在肠道内的吸收增多，导致高钙血症。

血液中钙含量过少时会导致低钙血症。血液中钙的浓度（正常范围

2.10~2.60 mmol/L）受甲状旁腺激素和维生素 D 对肾脏、骨骼和胃肠道的作用调节。低钙血症的典型症状是肌肉抽搐、痉挛、刺痛和麻木形式的神经肌肉兴奋，严重者可发展为手足抽搐、癫痫发作和心律失常。

补钙小贴士

（1）日常补钙可食用钙片或补钙剂。钙片中的常见成分如表 7–1 所示。

表 7–1　钙片中的常见成分

成分	作用	含钙比重	优点	缺点
碳酸钙	可补充身体缺乏的钙	40%	①含钙量高； ②获取容易，是最常见的钙质补充剂	①易引起胀气； ②会中和胃酸，降低钙吸收； ③老年人、孕妇、胃酸不足者、易便秘者不建议服用
葡萄糖酸钙	可使神经系统维持兴奋，对生长发育有一定作用	9%	①可用于儿童、孕妇及老年人的钙补充； ②能够预防和治疗过敏性疾病，如荨麻疹； ③具有增强心脏收缩能力和保护心脏的作用	①可能引起轻度恶心、呕吐、便秘等不良反应； ②长期大量服用可引起反跳性胃酸分泌增高； ③过量服用会引发高钙血症，出现疲乏、厌食、体重下降、四肢疼痛等症状，更甚者还会危及生命
乳酸钙	参与骨骼生长，可缓解肌肉萎缩，促进神经发育	13%	①吸收率高； ②不易引起胃肠道不适； ③对肾脏负担小	①需要大量服用才能达到补钙效果； ②价格相对较高
醋酸钙	应用于肾衰竭末期的高磷酸盐血症	25%	①吸收不受胃酸影响，胃酸不足、胃绕道手术患者适用； ②含醋酸根，为肠道磷结合剂	①含钙量低； ②需要饭中服用； ③药物含不良气味

（2）人体每天能吸收的钙是摄入钙的 30%，故为了预防缺钙，我们可以在日常饮食中多食用富含钙的食物，如豆制品、肉类、奶制品、蛋类、蔬菜等。鱼肉含有丰富的钙，其中，深海鱼的含钙量比普通鱼肉要高，虾肉也含有丰富的钙。蔬菜中的芹菜、菠菜、小白菜、油菜等含有丰富的钙。

（3）俗话说“小孩子多晒晒太阳，才能长得快、长得高”，这是有一定道理的。人体中的钙还需要维生素 D 的参与和帮助才能成为骨骼的一部分，而最容易获得维生素 D 的方式就是晒太阳。因此，经常在阳光下活动的小朋友的骨骼会更加强壮。

（4）在日常生活中，我们还需要多进行体育活动，以促进钙的吸收。运动时，肌肉收缩会产生一定的机械压力，这种机械压力可以刺激骨骼，促进骨骼中钙的吸收。此外，运动还可增加人体对钙的需求量，从而刺激人体对钙的吸收和利用。不过，我们应根据自身情况选择合适的运动类型和合理的运动量。

综上可知，钙对人体的正常生理活动有着重要作用，因此我们要预防缺钙，调整日常的生活习惯，保持营养均衡。钙在血液、骨骼中的浓度过多或过少都会给人体带来伤害甚至引发疾病，故补钙时我们要注意用量，按需补充。人体有一定维持钙含量稳定的能力，并非所有缺钙情况都需要补钙，我们一定要谨遵医嘱，科学补钙，否则会得不偿失。

本章要点

各年龄段人群的膳食钙推荐摄入量

- 0~0.5 岁：推荐摄入量为 200 mg/d。
- 0.5~1 岁：推荐摄入量为 250 mg/d。
- 1~4 岁：推荐摄入量为 600 mg/d。
- 4~7 岁：推荐摄入量为 800 mg/d。
- 7~11 岁：推荐摄入量为 1000 mg/d。
- 11~14 岁：推荐摄入量为 1200 mg/d。
- 14~18 岁：推荐摄入量为 1000 mg/d。
- 18~50 岁：推荐摄入量为 800 mg/d。
- 50 岁以上：推荐摄入量为 1000 mg/d。
- 孕早期：推荐摄入量为 800 mg/d。
- 孕中期和孕晚期：推荐摄入量为 1000 mg/d。
- 乳母：推荐摄入量为 1000 mg/d。

我国目前的饮食习惯
高油高盐摄入，全谷物、深色蔬菜、水果、奶类、鱼虾类和大豆类摄入普遍不足

导致

我国居民每天膳食钙摄入不足，约 400 mg

导致

老年人易出现骨质疏松症等，青少年易出现生长发育不良、佝偻病等，孕妇易出现妊娠高血压等

预防方式
- 食用钙片或补钙剂
- 食用含钙丰富的食物，如豆制品、奶制品、蛋类等
- 多晒太阳
- 多运动

第3篇

微量金属元素

第 8 章

人体内的一把特殊的双刃剑——铁

铁（Fe），日常生活中似乎平凡无奇的元素，其实在人体内扮演着不可或缺的角色。铁是人体必需的微量元素，人体内铁的总量为 4~5 g，是血红蛋白的重要组成部分。铁是氧气的运输者，参与血红蛋白的合成，确保人体各个部位都能获得足够的氧气供应；铁也是能量产生的关键参与者，默默推动着电子传递链的运作，将食物中的碳水化合物、脂肪和蛋白质等多种营养素转化为生命所需的能量，为人体提供动力；铁还是免疫系统的坚实支持者，帮助白细胞更有效地对抗入侵的病原体，从而维护人体的免疫防线。此外，铁参与自由基的生成，过量的铁会引起“铁超载”，造成细胞损伤，促使细胞死亡和组织损伤，引起氧化应激反应。

让我们一起揭开铁的神秘面纱，了解它是如何成为人体内一把既必须存在又要小心对待的双刃剑。

氧气的运输者

铁是人体内的细胞掌控者。红细胞中的血红蛋白是运输氧气的载体，而铁是血红蛋白的组成成分，它在与血红蛋白和肌红蛋白的完美协同中，创造了一场无声而高效的生命交响乐。

在人体的大型音乐厅——肺部，铁与血红蛋白形成氧合血红蛋白的奇妙组合（图 8-1）。这支氧合血红蛋白的交响乐队于大动脉和微小的毛细血管中奏响旋律，将氧气从肺部运送到人体的每一个角落。这不仅是一场氧气的音乐之旅，更是细胞间相互合作的交响曲，确保每一个细胞都能得到所需的滋养，让人体能够以和谐的方式进行各项生命活动。而在细胞内，铁扮演着指挥家的角色。在这个微小的细胞舞台上，肌红蛋白是铁的主角，储存和释放氧气就像是一场细胞内的节奏与能量之舞。铁的指挥让这个过程既精准又有力，确保肌肉组织在需要时能够得到足够的氧气，为肌肉运动提供所需的能量，从而使人体在运动中充满生机。

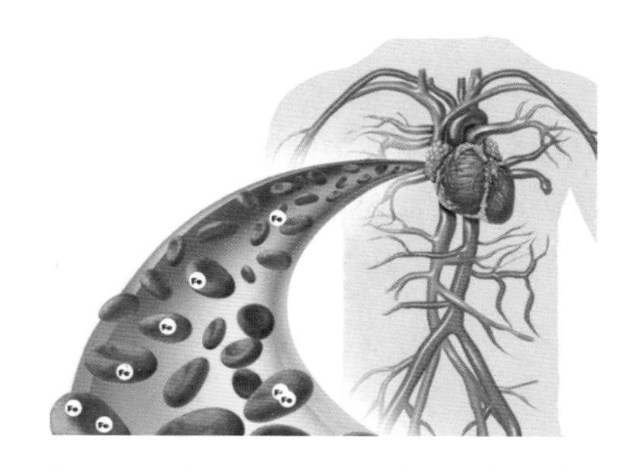

图 8-1　铁与血红蛋白形成氧合血红蛋白

铁就像是生命乐章的作曲家，用它的细致关怀和全方位的掌控，创造出一场场完美的音乐盛宴。保持体内的铁平衡，就如同细心调整交响乐队的演奏，要确保每一个细胞都参与到生命乐章中，使人体得以和谐而美妙地奏响生命的交响乐。

细胞能量的助推器

铁，宛如细胞内默默无闻的能量引擎，不仅是氧气的忠实搬运工，更是细胞内能量生产不可或缺的助推器。其在调节细胞呼吸过程中扮演了至关重要的角色，为人体从食物中提取能量提供了有力的支持。保持足够的铁含量水平是维持活力和健康的关键所在。

当我们在品尝美味佳肴时，体内仿佛开启了一场微观级别的能量转化盛宴。在这个过程中，人体将食物中的各种精华提炼出来，而铁则扮演了一位不可或缺的料理大师，以其精湛的技艺解码食物中的碳水化合物、脂肪和蛋白质等多种营养素，并将这些营养素转化为人体能量元素。在能量解码过程中，铁并非简单地起到媒介作用，而是在细胞代谢中展现了其高超的调控技巧，即通过调整线粒体电子传递链的反应速率，实现对细胞内代谢过程的精准调控。这种调控不仅使细胞能够高效地将食物中的能量释放出来，更推动了氧气与有机物质之间的默契合作，优化了能量生产的整体效率。

保持足够的铁含量水平，就像为细胞内的能量引擎添加源源不断的燃料，使其持续高效运转。日常饮食应注重摄入富含铁的食物，关注体内铁的平衡，维护整个生命系统的活力。

免疫系统的后盾

免疫系统是人体的坚实堡垒，其主要任务是辨识各类病毒、细菌等病原体并坚决抵御它们的入侵。在这个保卫生命领土的过程中，铁默默维持着人体免疫系统的正常运作。铁的重要性直接反映在免疫系统的核心细胞——白细胞上，铁能确保白细胞在抵抗外部威胁的战场上发挥出最佳作用。

白细胞是免疫系统中的勇猛战士之一，当外界病原体侵袭时，它们奋不顾身地投身到一场无硝烟保卫战中——对抗病毒、细菌等入侵者。通过吞噬、消化、释放抗体等多种高超手段，白细胞能迅速且精准地识别入侵者，并将其摧毁，巧妙而有力地保卫人体免受疾病的威胁。不过，这场免疫反应的高效执行需要大量的能量支持，而铁在能量生产的关键过程中则发挥着至关重要的作用。铁不仅是免疫系统的能量之源，更是白细胞正常功能运转不可或缺的关键要素。在免疫反应中，铁参与了多种酶系统的协同作用，在白细胞的吞噬、释放抗体、调控细胞活性等方面发挥着关键作用。这些酶系统如同白细胞活动的默契伙伴，默默协同工作，帮助白细胞更有效地识别并攻击病原体，确保免疫反应的顺利进行。白细胞与铁之间形成了微妙而紧密的关系，共同构筑起免疫系统的坚实堡垒，为人体健康提供强有力的防线。这一协同作用不仅是生物学层面上的微妙奇迹，更是人体免疫系统发挥作用的关键机制之一。

因此，当我们保持良好的铁含量水平时，实际上是在为免疫系统提供强大的后盾。充足的铁能够确保白细胞发挥杀菌和清除异物的功能，从而更有效地对抗各种病毒和细菌。

铁除了参与氧气运输、能量产生和免疫反应，还参与了神经传导、抗氧化作用、DNA 合成等多种过程。

小心铁缺乏和铁过量

适量的铁对人体健康而言至关重要，铁缺乏、铁过量都有可能引发一系列健康问题。铁缺乏可引发贫血、神经发育障碍和免疫系统损伤等问题。铁过量可引发器官损伤、血色素沉着症、神经系统疾病等问题。因此，了解并保持适量的铁摄入对我们来说很重要。

1. 铁缺乏

（1）贫血。

铁是血红蛋白的组成要素，而血红蛋白负责将氧气从肺部运送到全身各个组织和细胞，以满足人体对氧气的需求。体内铁缺乏时，血红蛋白的合成原料不足，血液中血红蛋白减少，氧气在体内的运输受到限制，导致人体各个器官和组织无法获得足够的氧气供应，从而引发贫血。在这种氧气短缺的状态下，人们可能经常感到疲乏、乏力、头晕、气短和心悸等。

这种持续的缺氧状态不仅会影响人们的日常活动，还可能严重干扰其工作效率和学习能力。更为深远的影响是长期贫血可能导致身体整体虚弱，影响免疫系统的正常功能，增加患病风险。孕妇体内的血液量会比平时增加50%左右，血红蛋白被稀释，故孕妇和哺乳期妇女对铁的需求量较大。铁缺乏导致的孕期贫血不仅会影响产妇的健康，还可能阻碍胎儿器官的正常形成和功能发育，增加早产、低体重等并发症的风险。

（2）神经发育障碍。

铁是大脑发育必需的重要微量营养素，参与了神经元的迁移、分化和突触形成等关键过程，铁的充足供应与胎儿和新生儿的大脑正常发育密切相关。铁在体内主要用于合成红细胞，当体内铁供应不足时，大部分的铁就会被优先用于红细胞的生成，而脑组织等其他组织的铁供应明显不足，导致智力和认知能力下降，影响学习和发育。儿童期是大脑发育的关键时期，适量的铁对于建立健康的神经系统至关重要，特别是学龄前儿童阶段。学龄前儿童大脑神经网络的形成和连接将直接影响日后的认知能力和学业成就。

（3）免疫系统损伤。

铁在免疫系统中的作用不仅局限于提供能量，它还是维持白细胞正常功能运转所必需的元素，直接影响着机体的免疫反应。铁缺乏不仅是简单的能量供给不足，更涉及免疫系统的调节和维持失衡。铁缺乏会对先天免疫系统产生影响。中性粒细胞是免疫系统中的主要战士，负责吞噬和清除体内的病原体。然而，铁缺乏会抑制中性粒细胞的正常成熟过程，使其丧失部分功能。这不仅影响中性粒细胞的数量，还会降低其防御能力。中性粒细胞在免疫应答中起到关键作用，其功能的减弱会直接导致免疫系统的效能下降，使机体更容易受到感染。铁不仅参加与中性粒细胞有关的生命活动，还对其他免疫细胞的正常功能也有重要影响。铁在多种免疫反应中发挥着催化剂的作用，影响抗体的产生、免疫细胞的活性以及炎症反应的进行。因此，铁缺乏可能导致免疫系统的整体失调，使机体无法有效地识别和抵御外来的病原体。

2. 铁过量

（1）器官损伤。

大多数食物和铁补充剂含有非血红素铁，占饮食中85%以上的铁。摄入的非血红素铁中，只有不到20%被人体吸收。过多的铁会积聚在体内。摄入过量的铁可立刻引起呕吐、腹泻、肠道损伤、脏器损伤等。肝脏是多余的铁主要的储存场所，短期过量摄入的铁可能损伤心脏和肝脏，长期过量储存的铁可能造成肝脏的严重损伤，严重者还可导致慢性疾病、肝硬化、糖尿病和心力衰竭等多器官损伤。当人体处于健康状态时，如果体内铁的储存充足，肠道会减少对食物和饮料中铁矿物质的吸收，防止其含量上升得太高。

（2）血色素沉着症。

血色素沉着症是一种由基因突变引起的遗传性疾病，促使人体吸收比正常需求更多的铁，但人体却难以将多余的铁有效排出。这种疾病通常由*HFE*基因异常引起，具有遗传特征。患有血色素沉着症的人会在日常饮食中摄入过多的铁，但身体却不能迅速地排出多余的铁，导致铁在关键器官中积聚。如果不进行适当的治疗，多余的铁就会储存在肝脏、心脏和胰腺等器官中，进而引发一系列严重的并发症。肝脏的正常功能会最先受到严重影响，过多的铁会导致肝脏形成永久性瘢痕并引起肝硬化，严重者可能引发肝癌。过多的铁会引发胰腺损伤，进而诱发糖尿病。除此之外，血色素沉着症还会在皮肤上留下显著的标志。皮肤细胞中的铁积聚可能导致皮肤呈现青铜色或灰色，这是血色素沉着症的一个明显特征。因此，对于患有血色素沉着症的个体，早期诊断和及时治疗至关重要。临床上，医生可通过基因检测等手段确认患者是否携带*HFE*基因突变，从而采取适当的措施，防止或减缓多余铁的积累，减轻并发症的发展，提高患者的生活质量。

（3）神经系统疾病。

大脑中过多的铁与神经系统问题有关。我们的中枢神经系统对铁的代谢有着严格的调控机制。当这一平衡被打破时，神经元摄取铁增加、排出铁减少，就会导致铁在脑组织中积聚并形成沉积。随着年龄的增长，细胞衰老也会导致特定的铁沉积，而过量的铁会产生活性氧，这种氧可能损伤DNA，通过高活性的醛对蛋白质进行不可逆的修饰，激发储存的蛋白质释放铁，从而产生更多的活性氧，最终导致铁介导的细胞死亡，进而引发神经功能障碍。

神经退行性变伴脑铁沉积症（neurodegeneration with brain iron accumulation，NBIA）是一组罕见的神经遗传变性疾病，由铁代谢紊乱引起。该病有14种亚型，总发病率为0.0002%~0.0003%。患者表现为铁离子在中枢神经系统沉积，症状包括步态异常、肌张力障碍、静止性震颤、手足徐动、舞蹈症、构音障碍等，可能伴随智力下降、痉挛性截瘫、共济失调、精神行为异常等。NBIA晚期患者还可能出现运动和认知功能倒退等神经退行性改变。铁盐在星形胶质细胞、小胶质细胞和神经元细胞内外沉积，导致神经轴突损伤、细胞变性和空泡形成，最终形成球形体。这些变化都会对神经系统功能产生严重影响。

找到平衡点——智慧的膳食选择

我们体内的铁含量与健康息息相关，铁缺乏、铁过量都会导致机体出现不良反应甚至疾病。那么，如何合理、健康地摄入铁呢？

(1) 多样化饮食。摄入各种食物，包括瘦肉、鱼类、禽类、豆类、坚果、全谷类、水果和蔬菜等。确保同时获取血红蛋白铁和非血红蛋白铁，提高铁的吸收效率。红肉是优质的血红蛋白铁来源，但摄入时要适量。

(2) 搭配维生素 C。维生素C被认为是非血红蛋白铁吸收的优化剂。维生素C与铁结合形成一种容易被小肠吸收的溶解性铁络合物，这提高了非血红蛋白铁的生物利用率。日常生活中，可尝试将富含维生素C的水果和蔬菜（如橙子、草莓、番茄）与富含铁的食物一同食用。

(3) 避免与咖啡和茶一同摄入。咖啡和茶中含有一种多酚类物质——鞣酸。同时摄入咖啡（或茶）和铁时，体内会形成鞣酸铁。鞣酸铁难以被小肠吸收，从而影响非血红蛋白铁的吸收效率。因此，食物中存在大量鞣酸时，可能会降低身体对铁的利用率。

(4) 适当添加补充剂。孕妇、贫血者、素食者等对铁的需求可能有所增加，或无法从食物中摄取充足的铁，此时要考虑额外补充铁。需要注意，要在医生指导下使用铁补充剂，自行使用铁补充剂可能导致铁摄入过量，引起不良反应，对身体造成损伤。

总的来说，在日常生活中，我们应合理搭配膳食，保证食物的多样化，注意饮食中的细节，从而更好地控制对铁的摄入，促进身体健康。如果有特殊需求或疑虑，建议咨询专业医生或营养师。

本章要点

铁在人体内扮演的重要角色

- 氧气的运输者：铁是血红蛋白的组成部分，参与氧气的运输，确保身体各个部位获得足够的氧气供应。
- 细胞能量的助推器：铁参与细胞内能量生产，将食物转化为生命所需的能量，维持身体的活力。
- 免疫系统的后盾：铁维持免疫系统的正常运作，帮助白细胞对抗病原体，保护身体免受感染。

铁缺乏和铁过量引发的健康问题

- 铁缺乏：可导致贫血、神经发育障碍和免疫系统损伤等问题。
- 铁过量：可导致器官损伤、血色素沉着症、神经系统疾病等问题。

第 9 章

健康伴你“铜”行

铜（Cu）是人类较早发现并广泛利用的金属矿产之一。考古学家在伊拉克北部发掘到用自然铜制造的铜珠，据推测已超过 1 万年。在我国，4000 年前的夏朝已经开始使用红铜。借助铜，人类文明从石器时代晋级到青铜时代，成功跨入金属文明的大门。对生物体而言，铜是必不可少的微量元素。铜在人体内的含量为 100~200 mg，是仅次于铁和锌的第三微量元素，主要分布于肌肉、骨骼、肝脏和血液中，正常人体内血铜含量为 10.0~24.6 μmol/L（0.64~1.56 mg/L）。大部分的铜以有机复合物形式存在，很多是金属蛋白，以酶的形式发挥着作用。

不过，铜对人体健康具有双重作用。铜作为人体必需的微量元素之一，具有维持正常造血功能，维护中枢神经系统完整性，促进骨骼、血管和皮肤健康，以及参与机体的抗氧化过程等重要作用；但铜摄入过量可导致肝、尿和血清中的铜浓度增加，使机体出现腹胀、肝脾肿大、腹水等症状，严重时可导致死亡。急性铜中毒可引起上腹疼痛、恶心、呕吐、严重腹泻甚至死亡。我国成人膳食铜推荐摄入量为 0.8 mg/d，平均需要量为 0.6 mg/d，可耐受最高摄入量为 8.0 mg/d。一般来说，牛肉、葵花籽、可可、黑椒、羊肝等都含有丰富的铜。

铜在人体中的作用

铜是人体健康不可缺少的微量营养素，对血液、中枢神经、免疫系统、头发、皮肤、骨骼组织、内脏的发育和功能有重要影响。同时，铜对血红蛋白的形成起活化作用，可促进铁的吸收和利用，在电子传递、弹性蛋白合成、结缔组织代谢、嘌呤代谢、磷脂及神经组织形成方面有重要意义。由此可见，铜在人体的代谢过程中扮演着重要的角色（图 9–1）。

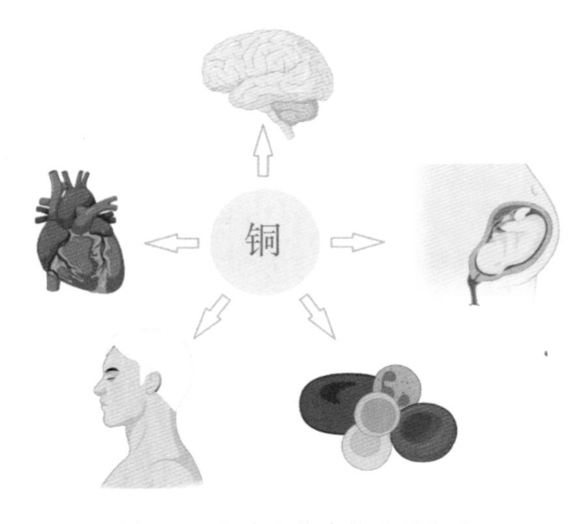

图 9–1 铜在人体中的重要作用

(1) 大脑的“益友”。铜与锌、铁等一样都是大脑神经递质的重要成分。铜缺乏可导致神经系统失调，使大脑功能发生障碍。铜缺乏会降低脑细胞中的色素氧化酶，使其活力下降，从而使机体出现记忆衰退、思维紊乱、反应迟钝甚至步态不稳、运动失常等。要想保持大脑健康、灵活，就不能少了铜这个“益友”。

(2) 心脏的“卫士”。当人们将冠心病的病因单纯归咎于高脂肪、高胆固醇饮食时，科学家提醒人们，绝对不可忽视铜缺乏。铜在人体内参与多种金属酶的合成，其中氧化酶是构成心脏血管的基质胶原和弹性蛋白形成过程中必不可少的物质，而胶原又是将心血管的肌细胞牢固地连接起来的纤维成分，弹性蛋白则具有促使心脏和血管壁保持弹性的功能。因此，体内一旦出现铜缺乏，将导致关键酶的合成减少，心血管就无法维持正常的形态和功能，从而给冠心病以可乘之机。

(3) 造血的“助手”。众所周知，铁是人体造血的重要原料，但铁要想成为红细胞的一部分，必须依靠铜的帮忙。奥妙在于血红蛋白中的铁是三价铁离子，而来源于食物中的铁却是二价铁离子，二价铁离子要转化成三价铁离子，就需要含铜的活性物质——血浆铜蓝蛋白的氧化作用。如果体内缺铜，血浆铜蓝蛋白的浓度势必降低，导致铁难以转化，从而诱发贫血。

(4) 助孕的“新星”。育龄女性如果想怀孕，也离不开铜。相关研究表明，妇女缺铜会难以受孕，即使受孕也会因缺铜而削弱羊膜的厚度和韧性，导致羊膜早破，引起流产或胎儿感染。故育龄女性要想生出一个健康聪明的宝宝，也须借助铜的一臂之力。

(5) 抗衰老的“能手”。体内自由基的代谢废物既是人体衰老的原因之一，又是多种老年疾病的祸根。其中，羟自由基的毒性最强，不仅会通过脂质过氧化反应损伤细胞膜，还会破坏细胞核的遗传物质，导致细胞死亡。此外，羟自由基还可使许多重要酶的活性降低甚至消失。相关研究表明，含铜的金属硫蛋白、超氧化物歧化酶等具有较强的清扫此种代谢废物的功能，可保护人体细胞不受其害。由此可见，铜在抗衰老中占有举足轻重的地位。实验证明，当人体摄入足够的铜时，铜离子可在侵入人体的流感病毒表面聚集，从而为维生素攻击流感病毒提供有效的“靶子”。维生素C与病毒表面的铜离子发生反应，构成一种可分离、含有活性氧离子的不稳定化合物，促使含有蛋白质的病毒表面发生破裂，进而置病毒于死地。因此，专家将维生素C与铜称为一对防治流感的最佳“搭档”。

(6) 防治白发的“灵丹”。人的头发为何早白？体内缺铜是一个重要原因。铜缺乏可使人体内的酪氨酸酶形成困难，导致酪氨酸转变成多巴的过程受阻。多巴为多巴胺的前体，而多巴胺又是黑色素的中间产物，故铜缺乏最终会阻碍黑色素合成，从而引起头发变白。欲求黑发不衰，补铜是个好选择。

铜的吸收、分布与代谢

1. 铜的吸收

铜主要在十二指肠被吸收，少量被胃和小肠末端吸收。铜的吸收率与摄入量呈负相关关系，且受饮食中其他因素的影响。根据铜的不同膳食摄入量对应的吸收率，推算出人体对铜的理论最大吸收率为63%~67%。年龄和性别对铜的吸收未见明显影响。铜在体内的平衡状态受到其吸收过程的调控，而这种吸收过程又依赖于机体对铜的需求。铜摄入量增加时，体内铜储存量随之增加，摄入量为7~8 mg/d时的储存量约为1 mg/d。植物性食物中铜的吸收率约为33.8%，而动物性食物中铜的吸收率约为41.2%。

2. 铜的分布

成人体内铜含量为1.5~2.0 mg/kg，其中50%~70%存在于肌肉和骨骼中，20%存在于肝中，5%~10%存在于血液中。各组织中铜含量最低者不足1 μg/kg，最高者超过10 μg/kg，其中以肝、肾、心、头发和脑中最高，脾、肺、肌肉和骨骼次之，脑垂体、甲状腺和胸腺最低。胎儿和婴儿体内的铜含量水平与成人不同，出生后两个月内的婴儿体内的铜含量是长大后的6~10倍，这种铜储存量可能为婴儿期所需。正常人红细胞中的铜含量为0.9~1.0 mg/L，血浆中的铜约有93%与铜蓝蛋白结合，其余7%与白蛋白和氨基酸结合。妊娠期的铜储存很重要，分娩时产妇肝中的铜含量是一般成人的5~10倍，孕产妇体内储存的铜可供胎儿生长和母乳喂养。

3. 铜的代谢

铜的主要代谢途径是通过胆汁进入胃肠道，再与少量来自小肠细菌的铜一起以粪便形式排至体外。通过胆汁进入胃肠道的铜有10%~15%可被重新吸收。胆汁排泄对体内铜的平衡调节起着重要作用，因此，要严格检测胆管阻塞患者的铜摄入量。内源性铜的代谢量明显受铜摄入量的影响，铜摄入量低时，几乎没有内源性铜代谢且铜周转率低；铜摄入量高时，内源性铜代谢增加且周转率提高。健康人每天经尿液丢失铜10~30 μg（0.2~0.5 μmol），经汗液丢失铜50 μg以下，此外，皮肤、指甲、头发也会丢失铜。

正确认识铜缺乏

相关调查显示，原发性铜缺乏的发病率高达 40%，不过现实生活中铜缺乏并不常见。虽然铜缺乏很少见，但这并不代表所有人都摄入了足够的铜。相关人群调查发现，我国婴幼儿和学龄儿童的铜缺乏率为 3.48%~30.40%，多数在 20.00% 以上，另外还有关于孕妇缺铜的报道。正常饮食的成人及儿童不易缺铜。乳类含铜较少，如人乳含铜 400 μg/L（初乳含铜 600 μg/L），牛乳含铜 300 μg/L，故单纯以乳类喂养的婴儿，尤其是早产儿，容易出现铜缺乏。在地域方面，铜缺乏的分布并不均匀。一些地区的患病率较高，如西部地区和部分农村地区，这可能与当地的生活习惯、饮食结构以及土壤中铜的含量有关。人体如果长期缺铜，可导致多个系统和器官的功能异常，主要有以下几个方面。

(1) 血液系统。铜是红细胞中的重要辅酶。铜缺乏会影响铁的代谢和血红蛋白的合成，进而导致贫血。贫血的症状通常表现为疲倦、无力、心跳加快、皮肤苍白等。此外，铜缺乏还可能影响血小板的功能，增加出血和瘀斑的风险。

(2) 神经系统。铜是神经传导中的必需元素，参与神经元间的信号传递。铜缺乏可能导致神经传导障碍，表现为麻木、刺痛、感觉异常和神经痛。同时，铜缺乏还可能干扰平衡感知和协调，引起步态不稳、晕倒或眩晕感。

(3) 骨骼系统。铜是骨骼发育和骨密度维持的重要因素之一。铜缺乏可导致骨骼发育不良、骨质疏松症，增加骨折风险。此外，铜缺乏还可能引起关节痛、关节肿胀和关节活动受限。

(4) 免疫系统。铜在免疫功能中起着重要作用。铜缺乏可能导致免疫力下降，使身体更容易受到感染，如呼吸道感染、皮肤感染等。

(5) 心血管系统。铜对心血管健康具有重要作用。铜缺乏可能导致血管弹性减弱、血压升高。值得关注的是，近期研究发现，铜缺乏可能是冠心病发病率升高的因素之一。相关实验表明，铜缺乏会显著升高血浆胆固醇，改变胆固醇与脂蛋白的结合形式，增加动脉粥样硬化的风险；此外，铜缺乏还会引起大鼠的心脏生理发生异常，这与人类冠心病的某些病症相似，更加证实了铜缺乏与冠心病之间存在一定联系。

(6) 消化系统。铜缺乏可能导致消化系统问题，如食欲减退、恶心、呕吐和腹泻等。

(7) 皮肤变化。铜缺乏可能导致皮肤色素沉着减少，引起皮肤苍白或色素不均的现象。

(8) 生殖系统。相关研究表明，妇女缺铜会难以受孕，即使受孕也会因缺铜而削弱羊膜的厚度和韧性，导致羊膜早破，引起流产或胎儿感染。

上述是铜缺乏的一些常见临床表现，但需要注意的是，这些症状并非铜缺乏的专属症状，还可能与其他身体问题有关。

铜过量很危险

铜对人体健康具有双重作用，无论是铜缺乏还是铜过量都会引起人体一系列生理和病理反应。铜过量可引起肝脏、尿液和血清中的铜离子浓度增加，使机体出现腹胀、肝脾肿大、腹水等症状，严重时可导致死亡。急性铜中毒可引起上腹疼痛、恶心、呕吐及严重腹泻甚至死亡。铜过量可能会对机体造成健康危害如下。

(1) 消化系统损伤。过量的铜可能对胃肠道产生刺激作用，导致恶心、呕吐、腹痛、腹泻等症状。

(2) 神经系统损伤。过量的铜可能干扰神经系统的正常功能，导致记忆力下降、头痛、头晕、失眠等症状。

(3) 肝脏损伤。过量的铜可能对肝脏产生损伤，导致肝功能异常，甚至肝硬化。

(4) 免疫系统损伤。过量的铜可能影响免疫系统的正常功能，导致抵抗力下降，容易引发感染性疾病，进一步加重身体的其他症状。

(5) 骨骼系统损伤。过量的铜可能影响骨骼系统的正常发育和功能，导致骨质疏松症、骨折等。

由此可见，铜摄入过量会对机体造成难以挽回的损伤，建议日常生活中合理控制铜的摄入量，避免过量摄入铜。

科学补铜

成人每天的铜需求量为 0.05~2.00 mg，孕产妇和青少年每天的铜需求量还要多些。足月生下的婴儿体内含铜量约为 16 mg，按单位体重换算比成人要高得多，其中约 70% 集中在肝中，由此可见，胎儿的肝含铜量极高。从妊娠开始，胎儿体内的含铜量就急剧增加，从妊娠的第 200 天到出生，胎儿体内的铜含量可增加约 4 倍。因此，妊娠后期是胎儿吸收铜最多的时期，早产儿易患铜缺乏就是这个原因。孕妇体内的铜含量在妊娠过程中逐渐上升，这可能与胎儿长大、体内雌激素水平增加有关。正常情况下，孕妇不需要额外补充铜剂，铜过量可产生致畸作用。那么，如何科学地补充铜呢?

(1) 饮食调整。可通过均衡饮食摄入富含铜的食物（图 9–2）。常见富含铜的食物包括牛肉、猪肉、核桃、杏仁、大豆、绿豆等，如表 9–1 所示。

图 9–2　富铜食物

表 9–1 常见富含铜的食物及含量表

食物	铜含量（mg/100 g）
牛肉	0.47
猪肉	0.30
鱼类（如鳕鱼、鲑鱼等）	0.15
坚果类（如核桃、杏仁等）	0.50~1.00
豆类（如大豆、绿豆等）	0.20~0.50
水果类（如苹果、香蕉等）	0.05~0.15
蔬菜类（如菠菜、芹菜等）	0.05~0.15
全麦面包	0.33
咖啡	0.25
巧克力（黑巧克力）	0.80~1.40

注：食物的含铜量易受烹饪方式、生长环境等因素影响，该表仅供参考。

(2) 补充剂使用。补充剂的使用需要经过医生评估，并在其指导下进行。应选择高质量的补充剂，并且按照剂量要求使用，合理增加体内铜的摄入。请务必遵循医生的指示，不可自行超量使用，以免产生不良影响。

(3) 铜与其他营养素的相互作用。注意铜与其他营养素的相互作用。例如，维生素 C 可以提高铜的吸收率，而高剂量的锌和铁可能会干扰铜的吸收。因此，在补充铜的同时，需要保持其他营养物质的平衡摄入。

(4) 健康状况和个体差异。某些疾病和药物可能会对铜的吸收和利用产生影响。因此，对于有特殊健康问题或正在服用其他药物的患者，建议在补充铜之前咨询专业医生。

(5) 避免过量摄入。尽管铜是人体所需的微量元素，但过量摄入铜也可能对健康造成负面影响。建议按照医生建议合理补铜，避免过度依赖补充剂而忽视通过食物获得营养的重要性。中国居民膳食铜参考摄入量如表 9–2 所示。

表 9–2　中国居民膳食铜参考摄入量

单位：mg/d

年龄 / 阶段	EAR	RNI	UL	年龄 / 阶段	EAR	RNI	UL
0 岁～	—	0.3（AI）	—	30 岁～	0.60	0.8	8.0
0.5 岁～	—	0.3（AI）	—	50 岁～	0.60	0.8	8.0
1 岁～	0.26	0.3	2.0	65 岁～	0.58	0.8	8.0
4 岁～	0.30	0.4	3.0	75 岁～	0.57	0.7	8.0
7 岁～	0.38	0.5	3.0	孕早期	+0.10	+0.1	8.0
9 岁～	0.47	0.6	5.0	孕中期	+0.10	+0.1	8.0
12 岁～	0.56	0.7	6.0	孕晚期	+0.10	+0.1	8.0
15 岁～	0.59	0.8	7.0	乳母	+0.10	0.7	8.0
18 岁～	0.0.62	0.8	8.0				

注：EAR：平均需要量；RNI：推荐摄入量；AI：适宜摄入量；UL：可耐受最高摄入量；“+”表示在相应年龄阶段的成年女性需要量基础上增加的需要量。

(6) 定期监测。如果正在接受铜补充剂的治疗，定期监测血铜水平是必要的。这有助于确保铜的摄入量适中，避免铜过量导致的一系列不良反应。

本章要点

铜在人体中的作用

- 大脑的“益友”。
- 心脏的“卫士”。
- 造血的“助手”。
- 助孕的“新星”。
- 抗衰老的“能手”。
- 防治白发的“灵丹”。

铜在人体中的吸收、分布与代谢

- 吸收：铜主要被十二指肠吸收，吸收率为 12%~75%。
- 分布：成人体内铜含量为 1.5~2.0 mg/kg，其中 50%~70% 在肌肉和骨骼。
- 代谢：铜主要通过胆汁到胃肠道，随粪便排出。

铜缺乏

- 影响铁的代谢和血红蛋白合成。
- 导致神经传导障碍，干扰平衡感知和协调。
- 导致骨骺发育不良、骨质疏松症，增加骨折风险。
- 免疫力下降。

- 食欲减退、恶心、呕吐和腹泻。
- 皮肤色素沉着减少。
- 妇女缺铜难以受孕，怀孕后易羊膜早破，引起流产或胎儿感染。
- 冠心病发病率升高。

铜过量

- 刺激胃肠道，引起恶心、呕吐、腹痛、腹泻等。
- 干扰神经系统的正常功能。
- 损害肝脏。
- 导致抵抗力下降。
- 影响骨骼系统的正常发育和功能。

科学补铜

- 饮食调整。
- 补充剂使用。
- 与其他营养物质平衡摄入。
- 补铜前咨询专业医生。
- 避免过量摄入。
- 若接受铜补充剂治疗，注意定期监测。

第 10 章

说说“锌”里话

锌（Zn）是人体必需的微量元素之一，对人体健康具有重要作用。锌虽然在人体内的含量仅占人体重量的 0.0003%，但却被称为“生命之花”和“智力之源”。不同人群的锌摄入量是不同的，根据《中国居民膳食指南（2022）》建议，男性每天补锌量约为 12.5 mg，女性每天补锌量约为 7.5 mg，成人每天补锌总量不宜超过 40 mg。我们日常饮食摄入以谷类食物为主，而锌在谷类食物中的生物利用率仅为 15%~30%，导致“缺锌”成为如今相当普遍的健康问题。相关调查结果显示，我国儿童的缺锌率高达 60%，此外，大多数老年人都处于缺锌状态。

正确理解缺锌表现

很多科普文章中对孩子缺锌的描述是这样的：孩子缺锌时，通常表现为食欲减退、易生皮疹、情绪不稳定、体重下降甚至影响免疫功能。看到这里，很多家长都会对号入座：“我家孩子就是这样啊，原来是缺锌啊！”

虽然科普文章这样写没错，但要注意，这些是缺锌的表现，并非有此种表现就一定缺锌。出现上述症状还可能是其他原因导致的，例如婴儿出牙期会出现食欲减退和情绪不稳定。

人体常见的缺锌表现有以下十种。请注意，不是出现下述任一表现就代表一定要补锌，还应结合日常生活习惯等多种因素，具体问题具体分析。

（1）食欲减退，挑食、厌食、拒食，食量减少，没有饥饿感，不主动进食。

（2）乱吃奇怪的东西，如指甲、衣物、玩具、硬物、头发、纸屑、生米、墙灰、泥土、沙石等。

（3）生长发育缓慢，身高比同龄人低 3~6 cm，体重比同龄人轻 2~3 kg。

（4）免疫力低下，经常感冒发热，反复呼吸道感染，出现扁桃体炎、支气管炎、肺炎、出虚汗、睡觉盗汗等问题。

（5）指甲出现白斑，手指长倒刺，出现地图舌（舌头表面有不规则的红白相间图形）。

（6）多动，反应慢，注意力不集中，学习能力差。

（7）视力下降，容易出现夜视困难、近视、远视、散光等视力问题。

（8）出现创伤时，伤口不容易愈合；易患皮炎、顽固性湿疹。

（9）青春期性发育迟缓。例如，男性睾丸和阴茎过小，睾丸酮含量低，性功能低下；女性乳房发育及月经来潮晚；男女阴毛出现晚等。

（10）口腔溃疡反复发作。

如果想要进一步确认是否缺锌，建议到医院或相关机构进行微量元素检查。目前国际采用的查锌方法分为两种，一种是采集头发进行检查，称为发锌；另一种是采集血液进行检查，称为血锌。不过，这两种方法都会受到外界环境的影响，如采集器具污染等，可能存在一定的误差。因此，目前临床上比较常用的方法是，由医生根据检查结果和症状表现综合判断患者是否缺锌。

“生命之花”和“智力之源”

锌是人体内300多种酶和蛋白质的重要组成成分，广泛参与生命活动的各个方面。其中，锌最重要的作用就是促进生长发育和智力发育，因而被誉为“生命之花”和“智力之源”。

1. 促进生长发育

人体的内分泌腺体通过合成生长激素调节骨骼发育，而锌对生长激素的合成及转化有直接作用，故对儿童身高的影响较为明显。在此基础上，锌在骨中的浓度相对较高，是钙化基质重要组成部分，因此锌对骨骼的生长和发育起到重要作用。此外，人体内核酸、蛋白质的合成和代谢以及细胞生长、分裂和活动都需要充足的锌。在锌缺乏的情况下，细胞的分裂速度会减慢。

总之，锌缺乏会导致儿童骨生长发育缓慢、骨钙化不良、食欲低下、消化功能降低，从而导致儿童整体发育延迟。

2. 促进智力发育

锌是中枢神经系统发育所需的关键营养物质之一。脑是体内锌含量较高的部位，锌与脑的发育密切相关，它可促进脑核酸及蛋白合成，而锌缺乏可能导致大脑皮质发育停滞，从而在多个环节共同作用下影响智力发育。尽管目前针对儿童锌缺乏的研究尚未证实锌缺乏与行为异常存在必然的联系，但动物实验已表明，在大脑快速增长时期，严重的锌缺乏会改变情绪的发展，学习能力、注意力和记忆力也会受到影响。不少研究也表明，锌是影响儿童智力发育的一个重要因素，而加强预防、合理膳食、及时补锌则有利于改善儿童智力发育。

3. 提高免疫力

锌对免疫系统的影响非常明显，特别是儿童时期，锌缺乏会导致免疫系统出现一系列免疫功能缺陷，如免疫器官发育停滞、胸腺和脾脏萎缩、周围淋巴组织萎缩、淋巴因子缺乏等，T淋巴细胞、B淋巴细胞、自然杀伤细胞等也会随之减少，且免疫细胞功能会受损，进而导致机体免疫力降低。

4. 促进生殖系统发育

锌对男性生殖细胞功能、内分泌功能及精液质量均有影响，男性不育者可能缺锌，且补充锌能对男性不育起到一定的治疗作用。儿童缺锌可能导致第二性征及生殖器官发育不全，出现睾丸缩小、重量减轻等症状。锌直接参与精子的生成、成熟、激活和获能过程。精浆锌与精子密度、精子活力和存活率呈正相关关系，精子数量也与锌的含量呈明显的正相关关系，锌缺乏可导致少精症、精子成熟停滞和精子活力下降。相关学者用锌治疗弱精症患者 3 个月并随访 6 个月，研究发现治疗组的精液质量有明显改善，精液量、精子活动力、穿透能力明显增加，锌/镉比例较高，抗精子抗体减少。

5. 维持消化系统功能

相关研究表明，锌缺乏直接影响胃肠道功能，如破坏小肠绒毛刷状缘，对细菌肠毒素刺激敏感而增加肠液分泌，破坏小肠正常通透性等。此外，血清锌降低可导致食管癌、胃癌、肝癌、大肠癌等消化系统肿瘤，还可使儿童出现厌食、腹泻等症状。锌与唾液蛋白结合成味觉素可增进食欲，锌缺乏可影响味觉和食欲，甚至诱发异食癖。有研究表明，体内缺锌、铁常使口腔黏膜上皮增厚，细胞分裂增加，上皮出现角质化并易剥脱，引起口角糜烂、口腔黏膜出血和口腔溃疡。锌缺乏也与多种口腔疾病有关，如龋齿、牙周病等。

6. 维持细胞膜结构

锌可与细胞膜上各种基团、受体等作用，增强膜稳定性和抗氧自由基的能力。锌缺乏可造成膜的氧化损伤、结构变形、膜内载体和运载蛋白的功能改变。锌对膜功能的影响还表现在对屏障功能、转运功能和受体结合方面的影响。

此外，锌还能促进创伤组织愈合；稳定胰岛素结构并增强胰岛素敏感性；参与味觉、视觉功能的调节；提高 DNA 的复制能力，加速 DNA 和 RNA 的合成过程，使衰老细胞得以更新，从而增强生命活力。

总之，锌是人体营养必需的微量元素，其营养作用需要受到更普遍的重视。

消化吸收“锌”知识

锌的主要吸收部位在小肠，锌的吸收率并不高，食物中的锌一般只有不到 10% 能被人体吸收。粪便是锌代谢的主要途径，当体内锌处于平衡状态时，约 90% 摄入的锌随粪便排出，其余部分从尿、汗、头发中排出或丢失。

影响锌生物利用率的主要因素如下。

（1）蛋白质：增加蛋白质的摄入可提高锌的吸收率和生物利用率。

（2）铁：铁摄入量过高可影响锌的吸收和利用。注意，孕妇和乳母在补铁时需要考虑锌摄入量问题。

（3）钙：相关人群研究发现，钙摄入量超过 1000 mg/d 会降低锌的吸收率。

（4）植酸和膳食纤维：植酸和膳食纤维都能抑制锌的吸收，但也有研究显示，单纯的膳食纤维对锌的吸收没有影响。

（5）低分子量配体和螯合物：配体、螯合物（如乙二胺四乙酸）、氨基酸（如组氨酸、蛋氨酸）和有机酸（如柠檬酸盐）可提高锌的生物利用率。

这样补锌才科学

《中国居民膳食指南（2022）》建议 4 岁儿童每天锌摄入量要达到 5.5 mg，7 岁儿童每天锌摄入量则要达到 7 mg。只要饮食合理、营养平衡，就不用担心会缺锌。不过，锌主要存在于海产品和动物内脏中，猪肉、牛肉、羊肉、蛋类、奶制品等食物中的锌含量也较多，但我国传统膳食以植物性食物为主，含锌量较低。尽管随着生活水平的提高，我国居民对动物性食物的摄入量有所增加，但锌的摄入量仍未达到推荐供给量标准。此外，快餐食品无法满足人体每天的锌需求。以鸡肉汉堡为例，每 100 g 汉堡中的锌含量仅为 0.52 mg，由此可见人体能从快餐食品中摄取的锌非常有限。有的快餐食品还添加了多种食品添加剂，如香肠、干酪、罐头、调味汁、冰淇淋、清凉饮料等食品中常含有聚偏磷酸钠、甲基纤维素等，这些食品添加剂被十二指肠吸收进入人体后，会造成体内锌的丢失，从而导致锌缺乏。

需要注意的是，食物补锌的吸收率很低，见效通常比较慢，因此为自己和家人选择以锌为主的膳食补充剂是有必要的。常见的口服锌制剂如表 10–1 所示。

表 10–1　常见的口服锌制剂

锌制剂	锌含量（mg）
醋酸锌（30.0% 锌，25 mg）	7.5
醋酸锌（30.0% 锌，50 mg）	15.0
葡萄糖酸锌（14.3% 锌，50 mg）	7.0
葡萄糖酸锌（14.3% 锌，100 mg）	14.0
硫酸锌（23.0% 锌，110 mg）	25.0
硫酸锌（23.0% 的锌，220 mg）	50.0
氧化锌（80.0% 的锌，100 mg）	80.0

注：膳食补充剂的标准成分标签会注明产品中锌的形式及含量。

市面上常见的“三合一锌”是由吡啶甲酸锌、枸橼酸锌和硫酸锌组成，锌含量为 26.5 mg。尚无实质性证据表明一种形式的锌比另一种形式的锌更有效，这是因为人体对锌的吸收会受多种因素的影响，包括以前的锌摄入量。因此，制订补锌策略时需要尽可能多地考虑其他变量，包括但不限于：①体内锌储存量越低，对锌的吸收就越多；②出汗多的人（如运动员、炎热环境中的人、夜间盗汗的绝经妇女）会丢失更多的锌；③随着锌的摄入量增加，锌的吸收率会下降；④老年人对锌的吸收会减少；⑤锌的吸收随着饮食中蛋白质的摄入而增加，膳食中的蛋白质种类会影响锌的生物利用率，动物蛋白会促进锌的吸收，谷物和大豆中的植酸盐会抑制锌的吸收，牛奶中的酪蛋白和钙通过与锌离子结合也会抑制锌的吸收；⑥铁会抑制锌的吸收。

一般认为，长期摄入锌补充剂并达到可耐受的摄入量上限（成人每天为 40 mg）是安全的，即锌的正常摄入量和有害作用剂量之间有一个相对较宽的范围，加之人体有效的体内平衡机制，故人体一般不易发生锌中毒。但营养良好的孕妇和哺乳期妇女禁止使用超过可耐受的摄入量上限的锌补充剂。关于急性锌中毒事件的报道较少，一般见于职业中毒、口服或静脉注射大剂量的锌。锌摄入过量的常见不良反应包括口腔金属味、恶心、呕吐、腹部痉挛、腹泻、发热和嗜睡等。

补锌小贴士

补锌要适量，不可把锌当成营养品长期服用。锌和铁在被肠道吸收时有相互阻碍的现象，锌补充得多，铁的吸收率就会下降。

市面上有很多补锌产品都声称能够“钙锌同补”，事实上钙在体内的含量远高于锌，也比锌活泼，同时补充钙和锌会影响锌的吸收。因此，这两种金属元素最好分开补。如果需要同时补充钙和锌，时间最好错开，间隔 2 小时以上，或选择白天补锌、晚上补钙，吸收效果更好。

本章要点

锌在人体中的作用

- 促进生长发育。
- 促进智力发育。
- 提高免疫力。
- 促进生殖系统发育。
- 维持消化系统功能。
- 维持细胞膜结构。

第 11 章

细说“铬”外健康

铬（Cr）是一种常见的金属元素，在我们日常生活中扮演着重要角色，被广泛应用于不锈钢制品、合金制品、电镀制品等领域。铬是 1797 年法国化学家路易·尼克拉·沃克兰（Louis Nicolas Vauquelin）从当时被称为“红色西伯利亚矿石”中发现的。不过，我国古代其实很早就开始使用金属铬了，如秦朝某些青铜剑外部就镀有铬以防锈。除此之外，铬还是一种对人体健康至关重要的微量元素，它在人体中的分布很广，但总含量相对较低，通常成人体内的铬含量为 6~7 mg。铬在人体的各种组织器官和体液中均有分布，尤其在肝、肾、心、脾、肺和大脑（特别是大脑的尾核）中含量较多，对这些器官功能的调节起到关键作用。值得注意的是，人类头发中的铬含量是最高的，0.2~2.0 mg/kg。铬在机体糖代谢和脂代谢过程中扮演了独特的角色。相较于无机铬，人体对有机铬的吸收和利用效率更高，前者不足 1%，而后者可达 10%~25%。

铬的双面性

铬是一把双刃剑。在日常生活中，与我们的健康密切相关的铬主要有两种——三价铬和六价铬。适量的三价铬对人体有益，它存在于许多食物中，如谷物、蔬菜和水果。三价铬对于维持血糖水平和促进能量代谢非常重要。六价铬则有毒，主要存在于工业生产中的废水和废气中。

1. 三价铬

铬在天然食品中的含量较低，大多以三价铬的形式存在。三价铬对人体有益，包括辅助调节血糖等，因此被广泛研究并应用于糖尿病的辅助治疗中。多种食物中都含有三价铬，我们每天能从饮食中摄入 20~30 μg 的三价铬。不仅如此，许多保健品中也都加有三价铬。然而，值得注意的是，对于正常人群而言，额外补充三价铬的意义可能不大，因为营养学界普遍认为通过均衡饮食即可满足大多数人的铬需求。

2. 六价铬

与三价铬相反，六价铬对人体健康有很大的危害，其化合物更是公认的致癌物。

六价铬的危害主要有两种，急性毒作用和慢性毒作用。短期内接触大剂量的六价铬可导致急性鼻炎、眼睛红肿、口腔炎、呼吸道发炎及急性胃肠炎，更严重的六价铬污染则可导致很多器官功能衰竭。六价铬的主要慢性危害是可能导致肿瘤，也就是人们谈之色变的癌症，接触六价铬与肺癌、鼻癌和鼻窦癌有相关性。吸入被认为是六价铬引发癌症的主要接触途径。已有证据证明，食入六价铬化合物存在致癌风险。国际癌症研究机构（International Agency for Research on Cancer，IARC）已确认六价铬化合物为 1 类致癌物。

那么，六价铬从何而来呢？六价铬的污染来源主要有两种，一种是铬矿开采，另一种是工业加工（如皮革加工）。工业生产过程中，如果排污处理不当，都可能使六价铬污染土壤和水源。六价铬化合物也可通过天然气、石油或煤炭的燃烧而排放到环境中，不仅对人体产生危害，更会直接毒害环境中的其他生物。

“铬”外有益

铬是维持人体生命活动的必需元素。确切地说，铬的生理功能是与其他控制代谢的物质协同作用，如激素、胰岛素、各种酶类、细胞的基因物质（DNA 和 RNA）等。铬能帮助胰岛素提高葡萄糖进入细胞内的效率，是重要的血糖调节剂；同时，铬还具有促进生长发育的功能。

1. 糖尿病的“克星”

20 世纪 50 年代，在一次动物实验中，科学家们偶然观察到，大鼠摄取缺乏三价铬的食物时，会出现类似糖尿病的症状，而在其饮食中添加三价铬后，这些症状得到了显著改善。此后，三价铬被广泛应用于糖尿病的辅助治疗。

铬在人体的血糖代谢中扮演着至关重要的角色，它能增强胰岛素的效能，进而帮助葡萄糖顺畅地进入细胞并转化为能量。相关研究表明，血液中的铬含量与胰岛素水平成正比。血液中的铬含量下降时，胰岛素中的铬也会相应减少，这导致糖原耐量降低，细胞对胰岛素的反应性减弱，严重者可能会出现尿糖现象。补充铬可以有效促进血糖的代谢。目前，铬已被广泛添加到肠外营养中，对糖尿病或低血糖患者来说，铬是调节血糖代谢的重要元素。日常饮食中，可增加含铬食物的摄入量，这对防治糖尿病具有积极作用。

2. 心血管的“隐形战士”

铬在提高高密度脂蛋白（一种对人体有利的脂蛋白）水平、增加胆固醇的分解与排泄、降低胆固醇水平方面也发挥着积极作用。铬还参与机体糖、脂肪代谢，加速脂肪氧化，有助于预防及改善动脉硬化、高血压等心血管疾病（图 11–1）。此外，铬可以增强细胞膜的稳定性，保护动脉内膜不受外因损伤。

3. 瘦身不再是“铬”梦

铬可使人们减少对甜食的渴求，具有降低体脂含量、增加瘦肌肉组织等作用，有助于促进代谢、维持理想体重（瘦肌肉组织越多，代谢率越高）。

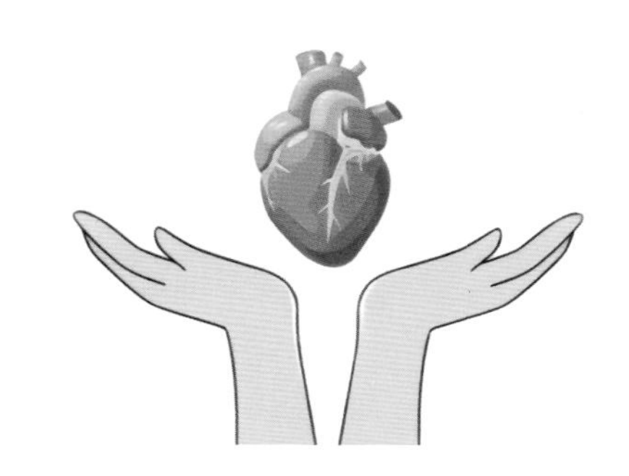

图 11-1　铬有助于预防及改善心血管疾病

4. 生长发育“铬”外重要

铬在蛋白质代谢中扮演着关键角色，与体内的焦磷酸盐、核蛋白、蛋氨酸及丝氨酸等物质结合。相关研究表明，生长发育迟缓的儿童中约 89% 存在铬缺乏，补铬治疗后，这些儿童的生长速度加快，体重上升，身体状况和发育都有显著改善。因此，铬对于人体的正常发育和成长尤其是青少年快速生长期至关重要。

5. 强身健体的保障

铬参与骨骼的形成和维持，有助于骨密度的增加，可预防骨质疏松症。适量的铬摄入可增强免疫系统的功能，提高免疫力，减少感染风险。

必不可少的铬

首先要明确，铬是人体的一种必需微量元素。正常人体内只含有 6~7 mg 的铬，但其对人体健康却很重要。尽管人体对铬的需求量很小，但缺铬的问题仍然存在，这主要是由于人们通常从食物中摄取铬，而不少精加工食品在加工过程中丧失了大量的铬，人们无法从这些精加工食品中摄取足量的铬。

1. 缺铬引发糖尿病

糖尿病是一组由多病因引起的、以慢性高血糖为特征的代谢性疾病。

糖尿病患者出现并发症时，通常存在缺铬和缺锌的问题，其体内的铬和锌含量明显低于没有并发症的患者。实际上，铬在糖代谢中起到重要作用，而胰岛素则是糖代谢紊乱的关键物质。胰岛素的分泌和功能需要铬的参与。糖尿病是老年人常见的疾病，预防和控制糖尿病都必须补充足够的铬。补铬可加速血糖运转，降低血糖水平，稳定疾病发展，从而达到延年益寿的目的。中国营养学会推荐正常人每天补铬量约为 50 μg，而糖尿病患者每天补铬量至少为 200 μg。

2. 缺铬引发冠心病

冠心病是指冠状动脉硬化导致心肌缺血、缺氧引起的心脏病。人体微量元素不平衡与冠状动脉硬化有密切关系，是冠心病的病因之一。

铬是体内胰岛素受体间的“桥梁”，被称为“糖耐量因子”。铬参与糖代谢和脂代谢，而心血管疾病发病与糖代谢、脂代谢和胆固醇代谢有密切关系，铬缺乏可导致糖和脂肪代谢障碍，间接影响冠心病。冠心患者血浆中的铬水平明显低于正常人，铬缺乏可使血液循环中胰岛素水平增高，最终导致动脉硬化。此外，冠心病患者心绞痛发作时，其头发中的铬含量明显降低，这也提示铬缺乏可能是致冠心病的危险因素之一。

3. 缺铬引起近视

提起近视，许多人常将其归咎于不良用眼，如看书距离不当、光太暗、持久用眼、过度使用电子产品等。但饮食不当也是诱发青少年近视的原因之一。相关研究表明，体内缺铬与近视的形成存在一定的关系。铬在人体中与球蛋白结合，为球蛋白正常代谢必需。处于生长发育旺盛时期的青少年，其对铬的需求比成人大。铬主要存在于粗粮、红糖、蔬菜及水果等食物中。有些家长不注意食物搭配，长期给孩子吃一些精细食物（食物被过度加工），从而造成其体内缺铬；如果孩子体内缺铬，其眼睛晶状体渗透压会发生变化，晶状体变凸，屈光度增加，最终导致近视。

缺铬还可引发一些其他疾病。例如，孕妇、营养不良的儿童、出生时体重过低的婴儿、原发性血色病患者、烧伤患者等体内都有缺铬现象，严重缺铬甚至会造成儿童发育停滞、智力低下。

需要注意的是，人体内的铬含量虽然不可过低，但也不可过高。一些人听说自己缺铬，就盲目补铬，把高铬食物当作营养品长期服用，这种盲目补铬的行为是不可取的。

铬的危害性

人们从食物中获取的铬含量很少且对人体无害，通常不易导致过量反应和中毒现象。铬的危害性与其价态紧密相关，铬浓度过高时就易产生六价铬化合物。人们可能在工作（如电镀、涂漆）时吸入或是食入六价铬化合物从而出现身体不适。

（1）皮肤直接接触六价铬化合物会出现溃疡、红斑或水肿等不良反应。不过，六价铬化合物并不会损伤完整的皮肤，皮肤发生破损时接触六价铬化合物才会产生上述情况。如果不幸与六价铬化合物有了皮肤接触，不必惊慌，及时用流动清水冲洗即可。

（2）眼皮及角膜接触六价铬化合物可能会有刺激反应，表现为眼球结膜充血、有异物感、流泪刺痛、视力减弱等，严重时可出现角膜上皮脱落。不过，用流动清水或生理盐水及时冲洗可达到急救的目的。

（3）长期接触六价铬化合物、口服重铬酸钾会刺激呼吸道及肠胃。临床表现为腹痛腹泻、鼻黏膜充血肿胀、嗅觉减退、肝中毒、肾中毒等，严重者还会引起肺癌。如果误食或误吸此类化合物，请立即脱离现场，饮足量温水催吐，及时就医洗胃。

（4）铬具有生殖及遗传毒性。如果妊娠期妇女暴露于铬浓度较高的环境中，可能会引起胎膜早破，增加分娩低出生体重儿的风险。此外，铬摄入过量会增加机体氧化应激，导致 DNA 损伤。父母长期处于铬浓度较高的环境中可能会导致后代发育不良。

当前我国健康人群铬摄入量的数据不足，故中国居民推荐铬摄入量是按照性别、年龄段及生理状况推算得出的，如表 11–1 所示。

表 11-1　中国居民推荐铬摄入量

组别	推荐摄入量（μg/d）
婴儿（0~0.5 岁）	0.2
婴儿（0.5~1 岁）	5.0
儿童（1~3 岁）	15.0
儿童（4~11 岁）	15.0~25.0
男性（12 岁以上）	30.0~35.0
女性（12 岁以上）	25.0~30.0
孕妇	30.0~35.0
哺乳期妇女	30.0~35.0

需要注意的是，这些数值是针对健康人群的推荐值，具体摄入量还会受到个体差异、特殊病况和饮食习惯等因素的影响。

铬的来源：食物与补充剂

铬的主要作用是帮助维持体内葡萄糖含量的稳定。人体不能自行合成铬，只能从食物中摄取铬。铬有多种价态，常见的是三价和六价，价态不同性质也不同。六价铬对人体有害，绝对不能食用。三价铬对人体有益，然而普通的三价铬（无机）在体内吸收率低、活性差，只有与氨基酸复合成活性有机铬后，才能表现出较强的生理功能。铬主要存在于肉类、动物内脏、粗粮、红糖、蔬菜及水果等食物中，其最好的来源是肉类和动物内脏（图 11–2）。啤酒酵母、未加工的谷物、麸糠、硬果类、乳酪也能提供较多的铬。软体动物、海藻、红糖、粗砂糖中的铬含量高于白糖。家禽、鱼类和精制谷类食物中的铬含量较少。常见的膳食铬来源如表 11–2 所示。

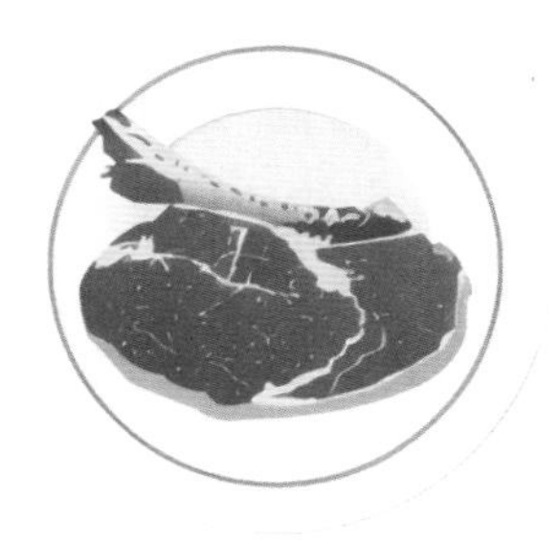

图 11-2　富铬食物

表 11-2　常见的膳食铬来源

等级	食物
丰富来源	干酪、蛋白类、肝脏
良好来源	苹果皮、香蕉、牛肉、啤酒、面包、红糖、黄油、鸡肉、玉米粉、面粉、马铃薯、植物油、全麦
一般来源	胡萝卜、青豆、柑橘、菠菜、草莓

膳食补铬是预防和控制糖尿病及其并发症发生、发展的重要途径。需要补铬者可多食用表 11-2 列举的食物，特别是糖尿病患者，更应该增加铬摄入量。

不过，膳食补铬的效果较弱，高效的铬补充剂变得十分必要。我国已将铬（硫酸铬、氯化铬）作为营养强化剂用于特殊膳食食品的加工。目前国家市场监督管理总局备案的国内保健食品中，关于铬的保健食品共有 19 个，其铬的来源包括吡啶酸铬、富铬酵母、三氯化铬、烟酸铬。此外，国内备案的关于铬的国外保健食品有 2 个，其铬的来源为三氯化铬。富铬酵母作为营养添加剂，可被添加到营养饮料、肉制品替代品、能量棒、餐棒等食品中。减肥者、胆固醇含量过高者、糖尿病患者、心脏病患者可根据医嘱适当服用铬补充剂，以达到减肥或治疗目的。

需要注意的是，长期食用精制食品和大量精糖会加速体内铬的排泄，从而造成铬的缺乏。用不锈钢制品烹调和盛装酸性食物，有助于铬溶出，从而增加食物的含铬量。另外，机体处于特殊生理状态（如哺乳）或应激状态（如外伤）时，铬的排泄也会增加。

本章要点

铬的食物来源

- 铬主要存在于肉类、动物内脏、粗粮、红糖、蔬菜及水果等食物中，其最好的来源是肉类和动物内脏
- 啤酒酵母、未加工的谷物、麸糠、硬果类、乳酪也能提供较多的铬
- 铬常见的食物来源包括干酪、蛋白类、肝脏、苹果皮、香蕉、牛肉、啤酒、面包、红糖、黄油、鸡肉、玉米粉、面粉、马铃薯、植物油和全麦等

铬的双面性

- 三价铬有益，被广泛用于糖尿病的辅助治疗
- 六价铬有毒，可导致急性鼻炎、眼睛红肿、口腔炎、呼吸道发炎、急性胃肠炎和癌症

铬对人体有益的一面

- 调节血糖代谢
- 降低胆固醇
- 降低体脂含量
- 促进生长发育
- 提高免疫力

铬对人体有害的一面

- 铬缺乏：可导致糖尿病、冠心病、近视、儿童发育停滞、智力低下
- 铬中毒：可导致皮肤溃疡、红斑、水肿，眼球结膜充血，呼吸道及肠胃有异物感刺激，影响胎儿发育

第 12 章

金属世界的威“锰”先生

锰（Mn），音同“猛”，给人一种威猛之感。锰位于元素周期表第 25 位，是一种自然界中常见的元素。

从自然界唤醒的工业战士

早在古代，人们就已经发现了锰的踪迹——锰矿石。中世纪时期，人们使用锰矿石制作彩色玻璃和陶瓷器。不过，锰很难从锰矿石中被分离出来，故一直被认为是一种神秘物质。18 世纪中叶，瑞典化学家卡尔·威尔海姆·舍勒（Carl Wilhelm Scheele）在软锰矿中发现了锰的一种化合物，即二氧化锰（MnO_2），但无法将其分离出来。随后，另一位瑞典化学家约翰·戈特利布·甘恩（Johan Gottlieb Gahn）成功从软锰矿中提取出了单质锰，并将这种神秘物质命名为“锰”。

随着科学技术的不断进步，人们打开了认识和利用锰的大门，而大门背后则伫立着一位工业战士。让我们一起看看它是如何战斗的。

首先，纯净的锰没有如大家想象的那般坚硬，相反，它是一种质脆的金属。在肉眼观察下，经电解法提炼后的锰呈薄片状（图 12–1），面上附有疙疙瘩瘩的突起，掰开它就像掰一块锅巴一样简单。那么，如此“脆弱”的物质到底“威猛”在哪儿呢？其实，锰可以与铁、铝等其他金属共同制作合金，从而提升合金的坚硬度和耐腐蚀度。在钢铁工业中，锰是重要的合金元素之一，除了有助于提升合金的硬度和耐腐蚀度，它还可以提高钢铁的韧性，让钢铁变得更加“坚韧”，可应用于一些对抗拉强度和冲击韧性要求较高的领域。此外，锰合金可以通过降低钢铁的熔点、提高钢铁的熔化速度来提升钢铁的冶炼效率，这不但能减少工业成本，还能减少废料的产生，起到了一定的环保作用。这位威“锰”先生的加入，使金属冶炼工业更加焕发勃勃生机。

图 12-1　电解法提炼的锰

其次，丰富的氧化态使锰具有良好的氧化还原特性，可以参与多种氧化还原反应。这种特性使锰成为电池制造中重要的活性物质。例如，锰酸锂电池，一种生活中常见的电池类型，具有高能量密度、稳定性好和充电寿命长等优点，广泛应用于便携式电子设备、电动工具和电动汽车等领域。

再次，锰具有多变的磁性行为。不同的磁性强度使锰在多个领域“大展身手”。例如，磁性强度较高的锰离子可以在磁共振成像（magnetic resonance imaging，MRI）设备中充当对比剂，增强图像的对比度，提高检测效果；磁性强度适中的锰基材料可以制备用于磁性分离和磁性流体控制的设备，实现对微粒、细胞或液体的分离和控制；锰及其化合物在磁性纳米材料领域也有广泛应用，如磁性纳米粒子、磁性纳米线等。

总之，锰因其不同特性被人类委以重任，在工业生产中频繁出现，广泛应用于多个领域。

失控的大自然调色师

工业生产对锰的高强度使用导致环境中的锰含量增多，严重时会造成锰污染（图 12–2）。锰本身在自然界中起着重要的调节作用，它存在于土壤、水体和大气中，可以影响许多生物和化学过程。然而，如果锰超过一定浓度，就会像一个过度使用颜料的调色师，破坏了大自然这幅和谐美丽的画作。清澈透明的水体含有过量的锰时，可能会变成棕褐色或黑色的混浊状；孕育植被的土壤锰超标时，会导致植物叶片变黄、褪色甚至凋谢；向美丽的蓝天排放高浓度的锰后，锰会与其他大气污染物反应生成各种有色气体或

图 12–2　锰污染

颗粒，使天空变得斑驳。锰污染还会对生态系统产生不良影响，改变生物的行为、生长和繁殖，干扰食物链，从而影响整个生态系统的稳定性。不过，适量的锰可以促进植物生长并维持生态平衡。因此，我们要正确处理锰，保护色彩和睦的自然环境。

以下是锰污染的治理措施。

（1）控制工业排放：工业排放是锰污染的主要来源之一，控制工业排放可以有效减少锰污染。

（2）加强环境监测：强调对锰污染的监测和评估，及时发现并处理锰污染问题，防止锰污染扩散、加重。

（3）推广清洁生产：应用并推广清洁生产技术，减少甚至避免使用锰，从源头上减少锰对环境的污染。

（4）实行垃圾分类：将含锰的垃圾进行分类处理，避免将其投放到普通垃圾中，造成二次污染。

人体的朋友与敌人

在正常情况下，锰是人体必需的微量元素之一，是人类健康的好朋友；但如果长期过量摄入锰，它又会对身体造成破坏，如损伤中枢神经系统、免疫系统等。《2023 版中国居民膳食营养素参考摄入量》将锰的无可见不良作用水平（no observed adverse effect level，NOAEL）定为 11 mg/d，即人们每天锰摄入量未超过此值时，不会导致明显的不良影响。

维持人体健康离不开锰。锰是许多酶的辅因子，参与多种生物化学反应的催化过程；锰是有效的抗氧化剂，有助于中和自由基，保护细胞免受氧化损伤，对细胞的健康和免疫功能起到保护作用；锰是胶原蛋白合成的参与者，对于结缔组织的形成和维持至关重要，影响着软骨、血管壁等结构的健康；锰是神经系统正常功能的维持者，坚守在神经传导、神经递质合成的“流水线”上。锰缺乏可能导致抗氧化能力下降，从而增加氧化应

激相关疾病的发生风险；也可能增加骨质疏松症和骨折的发生风险；还可能导致神经系统问题，如抽动、震颤、肌肉僵硬等（图 12-3）。

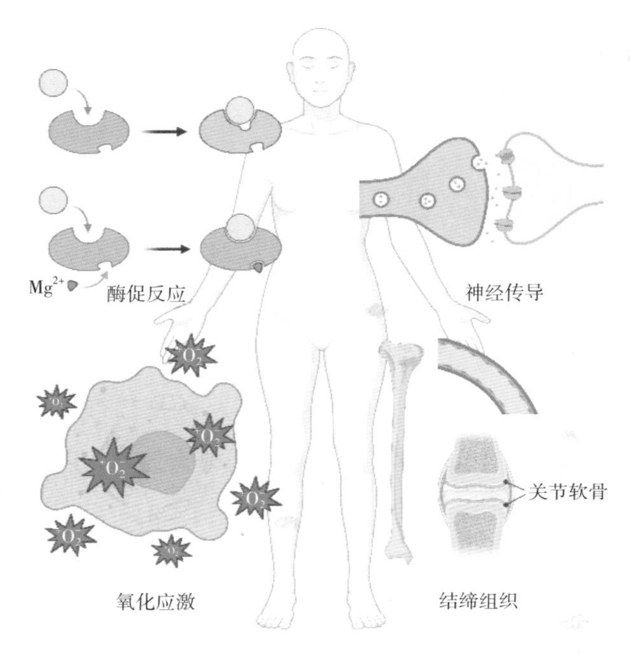

图 12-3 锰是人体必需的微量元素

不过，就像先前所言，对于维持人体健康，锰不可或缺，但也不可过量。以下是锰过量对我们身体造成的破坏。

（1）神经系统过山车：过量的锰会对神经系统发起猛烈攻击，让你的大脑像坐过山车一样兴奋起来。最常见的是锰中毒引起的锰沉积，症状包括震颤、动作不稳等。

（2）大脑黑客：过量的锰会渗透到你的大脑里，捣乱你的思维和情绪，就像一个恶作剧的黑客。锰中毒患者会产生抑郁、焦虑等情绪，严重者还会出现记忆力、智力下降。

（3）免疫系统干扰器：过量的锰会干扰你的免疫系统，使其变得混乱无序，从而给细菌、病毒等其他“入侵者”以可乘之机。

（4）骨骼打洞机：过量的锰会与钙发生竞争，如果锰取得胜利，你的骨骼可能会变得脆弱不堪。

（5）能量库大盗：过量的锰会偷走你体内的能量，让你感觉疲倦无力。

综上所述，我们在日常饮食中要注意摄入适量的锰。

含锰丰富的食物有谷物、坚果、绿色蔬菜、茶叶等，肉类、乳制品、水产品中也含有一定量的锰。正常人只要一日三餐均衡饮食，就可以摄入足够的锰。

本章要点

锰的特性

- 质脆。
- 优秀的延展性和韧性。
- 良好的氧化还原特性。
- 多变的磁性强度。

锰的应用领域

- 钢铁冶炼。
- 制造电池。
- 磁共振成像。
- 磁性分离和磁性流体控制。
- 磁性纳米材料。

锰污染

- 土壤污染。
- 水体污染。
- 大气污染。

锰污染的治理措施

- 控制工业排放。
- 加强环境监测。
- 推广清洁生产。
- 实行垃圾分类。

锰对人体的作用

- 适量的锰：①许多酶的辅因子；②有效的抗氧化剂；③胶原蛋白合成的参与者；④神经系统正常功能的维持者。
- 过量的锰：①神经系统过山车；②大脑黑客；③免疫系统干扰器；④骨骼打洞机；⑤能量库大盗。

含锰丰富的食物

- 谷物、坚果、绿色蔬菜、茶叶等含有丰富的锰。
- 肉类、乳制品、水产品含有一定量的锰。

第 13 章

揭开庐山真面“钼”

钼（Mo）位于元素周期表第 42 位，相对原子质量 95.94，是第五周期的一种过渡金属元素。

钼的概述

1. 理化性质

金属钼外观呈现银白色光泽，质地非常坚硬，密度为 10.2 g/cm^3，熔点为 2620 ℃，沸点为 5560 ℃。因此，金属钼具有高强度、高熔点、耐腐蚀、耐磨损等优点，并且具有较好的导电和导热性能。

当然，世界上没有完美无缺的物质，金属钼的缺点也非常明显。金属钼虽然耐高温，但却十分“怕冷”，在低温环境中，金属钼就会变得“嘎嘣脆”。同时，金属钼在高温环境中非常易燃，并且抗氧化性非常弱。因此，金属钼往往不单独使用，而是作为辅助材料用于合金的制造和加工中。

2. 发现历程

谈到钼的发现历程，就不得不提到钼的英文名称“molybdenum”，取自希腊语“molybdos”，意思是“像铅一样的东西”。而钼之所以得名于此，主要是因为钼在自然界中主要以辉钼矿的形式存在，辉钼矿的主要成分是硫化钼（MoS），颜色呈铅灰色，与铅的颜色十分接近，故早期常被人们误以为是铅。

一直到 1778 年，瑞典的化学家卡尔·威尔海姆·舍勒（Carl Wilhelm Scheele）指出铅和钼是两种完全不同的物质。他通过将辉钼矿石反复用硝酸溶解和蒸发，得到了钼的酸性氧化物。1782 年，舍勒的好朋友彼得·雅各布·耶尔姆（Peter Jacob Hjelm）将亚麻油与钼的氧化物放在一起进行热分解，从中成功分离并提取出了金属钼。自此，钼才终于摆脱了“张冠李戴”的乌龙。

3. 广泛用途

钼的发现历程虽然坎坷，但并未妨碍钼展示自己的“才艺”。在诸多工业领域中，钼都有着特殊的作用。近几十年间，钼由于其突出的性能和优势而被大规模开发和利用。合金钢、不锈钢、工具钢和铸铁是钼的主要应用领域，添加了钼的不锈钢具有更强的耐蚀性，铸铁中加入钼也可以大大提高其强度和耐磨性。同时，含钼合金还广泛应用于电子管、晶体管、整流器等电子器件中。因此，钼被称为“工业味精”，在各个工业领域发挥着“最强辅助”的作用，由于其重要性，钼也被各国政府视为战略金属。

此外，钼在医疗健康领域也发挥着极其重要的作用。利用钼靶作为辐射源，通过 X 射线的照射和吸收，可以对人体组织进行成像。目前，钼靶拍片是疾病检查中常用的一项检查方法，它可以协助医生早期发现和诊断乳腺的良性肿瘤和恶性肿瘤。

钼元素与人体健康

1. 钼在人体内的代谢过程

除广泛的工业、医疗用途外，钼也是维持人体健康必需的微量金属元素之一，是人体多种酶的重要组成成分。因此，钼与硒、铁、碘共同被称为保卫人体健康的四大“守护神”。

钼存在于人体的大部分组织和器官中。健康的成人体内大约含有 9 mg 的钼，其中，肝脏和肾脏的钼含量最高。饮食摄入的钼经过胃肠道被吸收，吸收率为 25%~93%。吸收后的钼会与蛋白结合，以钼酶的形式存在于人体肾脏、肝脏、小肠及肾上腺中。

人体内的钼主要通过尿液排泄，排出量与摄入量相关。钼摄入量低时，血浆钼在人体内的转化速度较慢，存留率较高；钼摄入量高时，过量的钼经尿液迅速排出，避免引起钼中毒。

2. 钼的生理功能

（1）钼作为重要酶的辅因子，参与体内的酶促反应。钼是人体内四种不可或缺的酶的组成成分，对药物和毒素的分解、排出及抗氧化应激等过程具有重要作用。

（2）钼可催化肝脏铁蛋白的释放，促进铁代谢的过程，活化铁质，促进红血细胞发育和成熟，预防贫血。

（3）钼可与氟协同作用，增加骨密度，维持骨质健康，预防龋齿和肾结石的发生。

（4）钼能阻断亚硝胺等致癌物质在体内的吸收并加速其排泄，保护正常细胞的遗传物质不受致癌物的侵袭。

此外，钼还能催化硝酸盐还原为亚硝酸盐，使其在固氮酶的作用下转化为铵态氮，参与植物中碳、氮代谢等重要的生理过程，是许多植物生长必需的微量元素。

3. 钼缺乏的症状和危害

钼在豆类、坚果、乳制品、谷物和绿叶蔬菜等食物中的含量较高，因此，饮食不足引起钼缺乏的情况很少见。钼缺乏会导致一系列不良反应和疾病状态。

（1）钼缺乏会导致能量代谢障碍，使机体出现缺铁性贫血、疲劳。

（2）钼缺乏会影响尿酸的形成和排泄，导致肾结石和龋齿的发生。

（3）严重的钼缺乏会大大增加食管癌、肝癌等恶性肿瘤的发生风险。

（4）孕妇在孕早期缺钼会导致胎儿生长发育障碍，造成不良的出生结局。

4. 钼过量的症状和危害

在保证均衡饮食的条件下，绝大多数人是不需要额外补充钼的。一般来说，成人每天钼摄入量不应超过 350 μg。相反，钼摄入过量会导致体内钼过量累积，进而引发一系列中毒反应和健康危害。

如果人们在化工或工业环境中接触了高浓度的含钼化合物，眼睛和皮肤会受到刺激，严重者会引发呼吸困难、胸痛、咳嗽等重金属中毒症状，甚至还会诱发尘肺等病变。

过量的钼累积会影响铜、钙、磷等的代谢。钼与铜结合会生成难溶的钼化铜，从而导致铜的吸收减少，引发铜缺乏的一系列症状。

此外，身体摄入过多的钼时，产生的尿酸也会升高，这会导致痛风、肾脏损伤以及关节肿胀、疼痛、畸形等。

为此，中国营养学会于 2000 年制订了“中国居民膳食钼参考摄入量”（表 13–1），其中推荐摄入量与美国国家科学院医学研究所食品和营养委员会估计的安全且适宜的日摄入量相同。

表 13–1　中国居民膳食钼参考摄入量

单位：μg/d

年龄范围	适宜摄入量	可耐受最高摄入量
0 岁 ~	—	—
0.5 岁 ~	—	—
1 岁 ~	15	80
4 岁 ~	20	110
7 岁 ~	30	160
11 岁 ~	50	280
14 岁 ~	50	280
18 岁 ~	60	350
孕妇	—	—
乳母	—	—

从钼被人类发现至今才过去200余年，这种稀贵金属就已凭借其独特性能特征在工业、航天及军工领域大放异彩。同时，钼也在默默维持着生命的繁荣与健康。然而，我们需要正确认识钼对人体健康的利与弊，适量摄入，避免钼缺乏或过量。

本章要点

- 钼是一种过渡金属元素，具有高强度、耐腐蚀等特性，在工业和医疗领域有广泛用途。
- 在人体中，钼参与能量代谢、铁代谢等生理功能。
- 钼缺乏或过量都会对人体健康造成不良影响，因此需要控制其摄入量。

第 14 章

博“钴”通今

钴（Co）是一种具有独特性和重要用途的过渡金属元素，在众多领域应用广泛。从工业领域到医疗领域，钴都起着重要的作用。钴在电池、合金、颜料、磁性材料的制作中都是不可或缺的成分之一。钴的英文名称“cobalt”的德文原型为“kobalt”，这个词在德语中意味着“恶魔”或“小精灵”。18 世纪初，德国萨克森州的一座银铜矿开采过程中，矿工们发现了一种外表类似银的辉钴矿（CoAsS），便拿来冶炼，结果该矿物在高温下释放出含砷的有毒气体，多数工人在此过程中丧命，当时人们认为该现象是“恶魔”作祟，故称钴为“恶魔”，并沿用至今。1753 年，瑞典化学家乔治·布兰特（Georg Brandt）从辉钴砷矿中分离出银灰色带有浅玫色的金属，这一发现被认为是钴的首次明确记录，布兰特也因此成为了钴的发现者。钴是一种银灰色有光泽的金属，具有延展性和铁磁性，在常温的空气中比较稳定，在温度高于 300 ℃的空气中会开始氧化。钴因具有很好的耐高温、耐腐蚀、磁性等性能而被广泛用于航空航天、机械制造、电气电子、化学、陶瓷等工业领域，是制造高温合金、硬质合金、陶瓷颜料、催化剂、电池的重要原料之一。钴对人体健康的影响一直是学界研究的焦点，因为它既有益又可能有害。接下来，我们将探讨钴对人体健康的各种潜在影响。

维生素的好搭档

维生素 B_{12}，又称“钴胺素”，是唯一含金属元素的维生素（图 14–1）。钴是维生素 B_{12} 的重要组成成分，同时也是人体必需的微量元素。正常人体内钴的含量为 1.1~1.5 mg，14% 分布于骨骼，43% 分布于肌肉，其余分布于其他软组织。人体对钴的生理需要量不易准确估计，成人适宜摄入量为60 μg/d，可耐受最高摄入量为350 μg/d。钴可促进红细胞的发育和成熟，预防恶性贫血；促进碳水化合物、脂肪和蛋白质的代谢；对婴幼儿的生长发育有重要作用；是神经系统功能健全不可缺少的维生素，参与神经组织中一种脂蛋白的形成，维护神经系统健康。钴的食物来源如表 14–1 所示。

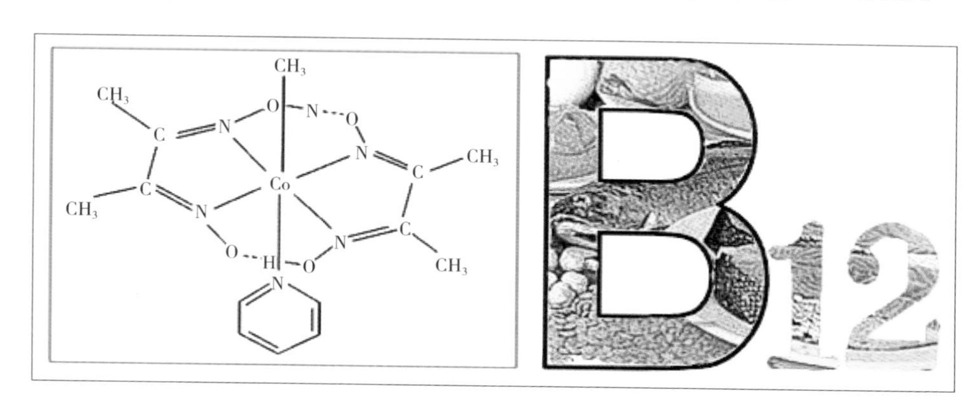

图 14–1　钴胺素 – 维生素 B_{12}

表 14–1　钴的食物来源

高钴食物	微量钴食物
肉类	面包
蛋类	谷物
动物内脏（肝、肾）	水果
沙丁鱼	豆类
干酪	蔬菜

钴的健康风险

钴缺乏或过量都可能导致健康问题。

1. 钴缺乏

维生素 B_{12} 是唯一含人体必需矿物质的维生素，因含钴而呈红色，故又称“红色维生素”，是少数有色的维生素。维生素 B_{12} 通常储存于肝脏中，人体在维生素 B_{12} 储存量耗尽半年以上时才会出现维生素 B_{12} 缺乏症状。钴缺乏会直接影响维生素 B_{12} 生理功能的发挥，易导致贫血、阿尔茨海默病、性功能障碍等疾病。钴缺乏患者会出现气喘、眼压异常、身体消瘦等症状，易患上脊髓炎、青光眼及心血管疾病。植物性食物基本少有钴存在，因此素食主义者体内较容易缺钴，出现恶性贫血或多种神经及精神异常症状的风险比常人要高。

2. 钴过量

尽管钴对人体有一定的生理作用，但过量摄入或暴露可能会导致健康问题。在某些行业，如金属加工、矿业、电池制造和颜料生产中，工人可能面临较高的钴暴露风险。因此，职业健康监控对此类工人而言至关重要，包括定期健康检查、监测钴浓度以及使用适当的个人防护装备。钴过量对人体健康的不良影响如下。

（1）呼吸系统问题。吸入钴粉尘或蒸气可能导致严重的肺部问题，如肺炎、哮喘甚至肺癌。长期暴露于高浓度钴尘中可能会导致所谓的“硬金属肺病”，这是一种罕见且严重的肺部疾病。

（2）皮肤问题。与钴直接皮肤接触可能导致接触性皮炎、皮肤过敏反应和瘙痒。长期或反复接触可能增加皮肤疾病的发生风险。

（3）心脏问题。高剂量的钴暴露可能导致心脏问题，如心肌病。这通常发生在工业环境中，如工人长时间暴露于钴粉尘或蒸气中。

（4）神经系统问题。过量的钴暴露可能对神经系统造成损伤，导致头痛、眩晕、精神错乱和认知功能下降。

（5）其他潜在风险。长期摄入高浓度的钴可能影响甲状腺功能，导致甲状腺肿大和甲状腺功能异常。

钴是一种对人体健康具有双重影响的元素。它在微量水平上是必需的，但过量暴露可能导致一系列健康问题。尤其在工业环境中，适当的防护措施和健康监控对预防钴相关健康风险而言至关重要。了解钴的潜在影响对于确保人们的健康和安全是非常重要的，特别是对于那些在工业环境中工作的人们。随着技术的发展，各行各业对钴的需求逐渐增加，确保环境和职业安全标准与之相适应变得尤为重要。

本章要点

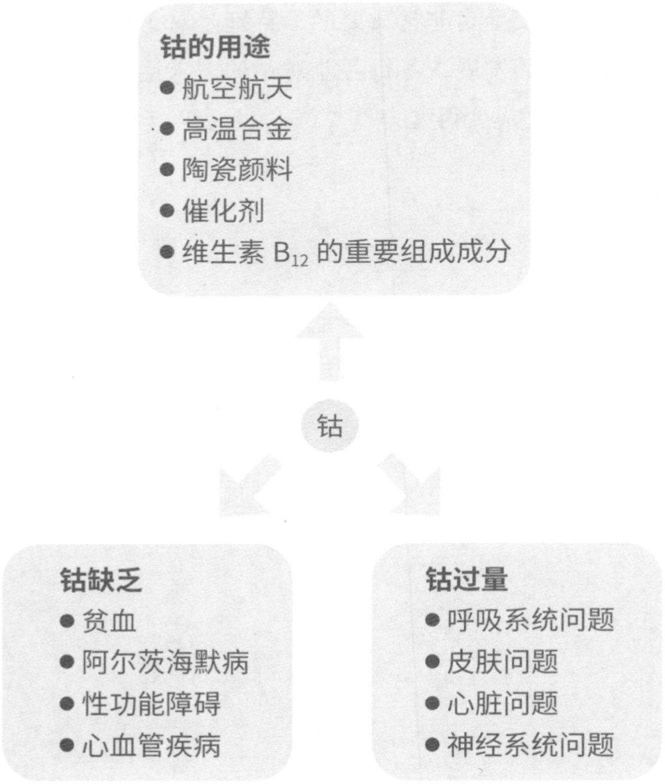

钴的用途
- 航空航天
- 高温合金
- 陶瓷颜料
- 催化剂
- 维生素 B_{12} 的重要组成成分

钴

钴缺乏
- 贫血
- 阿尔茨海默病
- 性功能障碍
- 心血管疾病

钴过量
- 呼吸系统问题
- 皮肤问题
- 心脏问题
- 神经系统问题

第15章

锦“锂”送健康

如果聊起锂（Li），可能大家第一时间会想到手机上的锂电池。它的发现者是瑞典化学家约翰·奥古斯特·阿尔费特逊（Johan August Arfvedson），他在分析透锂长石矿时发现了一种新元素，他的老师永斯·雅各布·贝采利乌斯（Jöns Jakob Berzelius）将这种新元素命名为“lithium”，取自希腊语的“lithos”，意为“石头”。锂是所有金属元素中最轻的一种，其最主要的用途是制作锂电池，就是我们现在手机里面的电池。不过，你知道吗？锂也和人体健康息息相关。根据世界卫生组织对微量元素的分类，锂被归为“具有潜在毒性，但低剂量时可能具有人体必需功能”的元素。这也说明，锂虽然不是人体必需元素，但低剂量时对人体健康有益。

锂的益处

首先，锂对人体神经系统具有保护作用，它可以促进神经元生长，增强神经元的存活能力，强化神经元之间的连接。相关研究表明，锂可能对预防神经系统退行性疾病（如阿尔茨海默病、帕金森病）有一定的潜在作用。

其次，锂对人体精神状况有一定的影响。早在20世纪40年代，就有科学家发现锂能有效治疗双相障碍（躁郁症）的患者，帮助患者减轻情绪波动、抑制躁狂状态，时至今日，锂盐仍是治疗躁郁症首选药物。还有研究发现，与饮用水锂含量较低的地区相比，饮用水锂含量较高的地区的暴力犯罪率、精神病住院率、毒品犯罪率等明显下降。这些都证明了适量的锂能够稳定人的情绪。

另外，锂对人体其他系统也有诸多好处。对于泌尿系统，适量的锂可提升尿液的稀释程度，有助于预防和治疗特定类型的尿液浓缩异常类疾病，如尿崩症。对于心血管系统，相关研究发现，与饮用水锂含量较低的地区相比，饮用水锂含量较高的地区的心血管疾病的发病率较低。锂还能改善人体的造血功能，提高免疫力。

是否需要主动补锂

我们是否需要主动补锂呢?

答案是否定的。虽然锂对人体健康有益，但前提是低剂量使用、适量补充。过量摄入甚至滥用锂会导致锂中毒。锂中毒的症状包括恶心、呕吐、腹泻、失眠、手抖、肌肉无力、心律不齐、意识模糊等，严重者还可能引起中枢神经系统抑制、器官功能障碍甚至死亡。此外，长时间摄入高剂量锂会影响肾脏、甲状腺的功能。因此，对于使用锂进行治疗的患者，医生都会定期检查其肾脏和甲状腺功能。

正常人体内血清中锂的含量平均为 0.03 mg/L，日常饮水摄入的锂就能基本满足人体所需，而且锂在食物中的分布十分广泛，谷类、燕麦、坚果等的锂含量都较高。目前，锂对人体健康的影响尚处于研究论证阶段，我国暂未制订锂的参考摄入量，但在矿泉水行业，《食品安全国家标准 饮用天然矿泉水标准》（GB 8537—2018）已对锂提出了界限指标要求，即锂含量≥ 0.20 mg/L。

本章要点

- 根据世界卫生组织对微量元素的分类，锂被归为“具有潜在毒性，但低剂量时可能具有人体必需功能”的元素。
- 锂对人体神经系统具有保护作用。
- 锂对人体精神状况有一定的影响。
- 过量摄入甚至滥用锂会导致锂中毒。
- 日常饮水摄入的锂就能基本满足人体所需，而且锂在食物中的分布十分广泛。

第16章

不同“钒”响

钒（V）是一种广泛分布于地壳的金属元素，我国四川省攀枝花市是世界上著名的高度集中且储量丰富的钒钛磁铁矿区，是提炼钒、钛的重要基地。钒在自然界常常不单独存在，而是以化合物的形式存在。钒的分离提取较为困难且价格昂贵。

钒的应用

钒在工业等多个领域具有广泛的应用价值，其主要的应用领域如下。

（1）钢铁冶金：钒是一种重要的合金元素，广泛应用于钢铁冶金。它可与铁、碳等结合形成钢的合金，提高钢的硬度、强度和耐磨性；还可作为脱氧剂和脱硫剂，帮助去除钢中的杂质，提高钢的质量。

（2）化学催化剂：钒及其化合物可促进化学反应的进行，提高反应速率和选择性，因此广泛应用于催化剂的制备。钒催化剂在石油化工、有机合成和环境保护等领域中发挥着重要作用。

（3）电池材料：钒及其化合物在锂离子电池和钒液流电池等电池中被用作正极材料。这些电池广泛应用于移动设备、电动汽车和储能系统等领域。

钒化合物可储存和释放锂离子或钒离子，实现电池的充放电过程。

（4）颜料和染料：钒化合物可用于制备颜料和染料。钒酸盐是一种常用的颜料，可用于油漆、塑料和陶瓷等制品的着色。此外，在纺织品、皮革和墨水等领域，钒化合物还可用于染料的合成。

钒与人体健康

钒在人体中起着重要的生理作用。钒是一种微量元素，虽然在人体内含量很低，但对人体健康至关重要。钒参与调节体内的酶活性和代谢过程，对维持正常的生理功能具有重要作用。适量的钒具有预防龋齿、糖尿病和动脉粥样硬化的作用；然而，摄入过量的钒可能对人体健康造成不良影响。因此，对于钒的人体摄入量和安全性，应根据科学研究和医学建议进行合理的监测和控制。

值得注意的是，虽然钒的毒性很低，但钒化合物（钒盐）具有较强的毒性及致癌作用。处理和使用钒时，应遵循相关的安全操作规程，以减少对环境和人体的潜在风险。工人在密切接触、生产钒及其化合物时应注意个人防护，戴好防尘口罩。患有顽固皮肤病、慢性呼吸道疾病者不宜接触与钒及其化合物有关的工作。

本章要点

钒的工业应用

- 钢铁冶金：钒可帮助去除钢中的杂质，提高钢的质量。
- 化学催化剂：钒及其化合物可提高化学反应速率和选择性。
- 电池材料：钒及其化合物在电池中被用作正极材料。
- 颜料和染料：钒化合物可用于油漆、塑料、陶瓷等制品的着色及染料的合成。

钒与人体健康

- 钒参与调节体内的酶活性和代谢过程。
- 适量的钒具有预防龋齿、糖尿病和动脉粥样硬化的作用。
- 过量的钒可能对人体健康造成不良影响。
- 钒化合物（钒盐）具有较强的毒性及致癌作用。
- 处理和使用钒时，应遵循相关的安全操作规程。

第 17 章

铊的秘密

众里寻“铊”千百度

铊（Tl）在元素周期表中位于第六周期，银白色，质地柔软，熔点和抗拉强度低，可塑性强，是地球上广泛分布的稀散元素之一。19 世纪 60 年代，英国化学家威廉·克鲁克斯（William Crookes）和法国化学家克洛德–奥古斯特·拉米（Claude-Auguste Lamy）分别独立发现了铊。后来，克鲁克斯利用火焰光谱技术发现了铊燃烧时有着特殊的嫩绿色火焰，因此将其命名为“thallium”，取自希腊语“thallos”，意为“绿色的嫩枝”。

铊是地壳中广泛分布的自然成分，主要以硅酸盐矿物和硫化物的形式存在。20 世纪以前，铊及其化合物广泛应用于灭虫药等领域，还用于治疗头皮癣、肺结核等疾病。随着时间的推移，人们发现铊具有较高的毒性，会严重环境污染并对人体健康产生严重不良影响，许多国家因此限制或禁止使用铊。20 世纪 20 年代以后，铊及其化合物因性能良好而作为原料广泛应用于电子、化工、冶金等领域。

死神的夺命镰刀

铊是高毒害性稀散金属元素，其毒性远大于铅、镉、镍、铜、汞等重金属，具有“死神的夺命镰刀”之称。1995年4月，清华大学学生朱令被确诊为铊中毒，脑神经受损，全身瘫痪，生活不能自理；2006年9月，山东省东营市一名职工被确诊为铊中毒，救治无效死亡；2007年11月，陕西省三原县一名千万富翁及其9岁儿子因铊中毒相继死亡。

铊在自然环境中的含量普遍较低，但随着我国矿产资源刚性需求不断增加，铊污染所引起的环境问题与日俱增。铊可以通过消化道、呼吸道、皮肤等途径进入人体。

铊中毒机制较为复杂，至今尚未完全阐明。有研究表明，铊主要是与人体内的蛋白质、酶等发生反应，破坏人体正常的生理功能，导致急性或慢性中毒。急性铊中毒一般是由短时间内摄入（如口服）大量铊所致，会有明显的中毒反应；慢性铊中毒一般是由长期职业性接触所致，而非职业性慢性中毒大多是由接触铊污染的物品或食品所致，慢性铊中毒的病程较长，症状与急性铊中毒相似，但较为缓和。

铊中毒的典型症状为胃肠道症状、神经系统表现和毛发脱落三联症。

（1）胃肠道症状。急性铊中毒早期常表现为恶心、呕吐、腹部绞痛或隐痛、腹泻等，严重者可能出现肠道出血。

（2）神经系统表现。轻者出现头痛、睡眠障碍、情绪不稳，重者出现嗜睡、谵语、抽搐、昏迷、精神失常等，中毒者多因呼吸和循环衰竭而死亡。

（3）毛发脱落。脱发是铊中毒的特殊表现，头发一束束地脱落，表现为斑秃或全秃。此外，中毒者的皮肤干燥、脱屑，还会出现皮疹、痤疮、皮肤色素沉着、手掌及足跖部角化过度等症状。

治“铊”有道

目前，医学界尚无治疗铊中毒的理想药物，但及时采取以下综合措施可提高其治愈率。

（1）洗胃。消化道吸收中毒者可进行催吐、导泻。如果中毒者摄入的铊量不大，可进行洗胃治疗，将胃内的铊清洗出来。

（2）血液透析。许多研究表明，严重铊中毒者可进行血液透析治疗，将血液中的铊清除出来。

（3）支持治疗。针对重症患者，需要注意维持呼吸、循环功能，保护脑、心、肝、肾等重要脏器，给予足够的 B 族维生素和神经营养剂。

（4）中医治疗：中医认为铊中毒属于毒物攻心范畴，可使用清热解毒、养心安神等方法进行治疗。

防“铊”于未然

铊在工业生产中占据着重要地位，但其高毒性与高损伤性常令人闻之色变，心生畏惧。以下是预防铊中毒的主要措施。

（1）避免接触铊。避免接触任何含铊或被铊污染的物品或食品，避免或减少在铊污染环境中生活或工作。

（2）注意个人卫生。职业暴露时，注意个人防护，避免用手触摸口、鼻、眼等部位，接触铊后要及时洗手。

（3）增强自身免疫力。通过合理饮食、锻炼等方式增强自身免疫力，提高身体抵抗力。

近些年，铊对环境的污染以及对生态平衡的破坏引发了公众担忧，预防铊的环境污染还需要从多个方面入手。

（1）加强环境监管，加强对铊等有毒、有害物质的监管力度，严格控制排放标准。

（2）采用清洁生产技术，减少铊等有毒、有害物质的产生和排放。

（3）提高公众环保意识，加强环保宣传和教育，让公众了解铊的危害和预防措施。

（4）加强个人防护，对于从事相关工作的人员，要求其佩戴防护用具，如手套、口罩等。

（5）建立应急预案，针对可能发生铊污染的情况，及时采取有效的应急措施。

铊对环境生态及人体健康的潜在危害已逐渐受到政府及学术界的广泛关注。其毒性特性不容忽视，能对人体健康造成显著影响，因此，深入了解铊的毒性机制及其对人体健康的潜在威胁显得尤为重要。为了有效应对这一挑战，我们应掌握预防铊中毒的科学知识，并采取相应的防护措施，以保障自身健康与安全。

本章要点

- 铊是一种稀散元素，在地球上广泛存在。
- 铊曾被用于制备灭虫药等，但因其毒性高且严重污染环境而被许多国家限制或禁止使用。
- 铊中毒可导致严重的健康问题，典型症状为胃肠道症状、神经系统表现和毛发脱落三联症。
- 铊中毒目前尚无理想的治疗药物，但洗胃、血液透析等措施可提高其治愈率。
- 预防铊中毒的关键在于避免接触含铊或被铊污染的物品或食品。

第4篇

重金属元素

第 18 章

“汞”喜发财

汞（Hg）是一种自然生成的元素，见于空气、水和土壤中。汞在地壳中自然生成，通过火山活动、岩石风化或作为人类活动的结果，释放到环境中。汞有多种存在形式，包括单质（液态金属汞）、无机物（如汞的氯化物，人可在职业环境中接触此类汞）、有机物（如甲基汞，人可通过饮食摄入此类汞）。

美丽的银白面纱

有趣的是，汞是唯一一种在常温、常压下呈现液态的金属。温度计里的水银其实就是汞，水银是汞的俗称。汞是闪亮的银白色重质液体，熔点－38.87 ℃，沸点 356.6 ℃，密度 13.59 g/cm^3。汞在日常生活中应用广泛，例如，电池制造采用汞作为原材料，塑料产品制造采用汞作为催化剂，造纸工业采用汞作为杀黏菌剂，补牙会用到汞合金，许多具有美白功效的护肤品和化妆品的原料中包含汞。古埃及人将水银用于封存木乃伊，秦始皇陵中存在汪洋的水银湖，这些都证实了人类很早就已意识到汞具有防腐作用。我国有一味名为“朱砂”的中药，其主要成分为硫化汞，口服具有安神镇静的作用，外用则可发挥防腐杀菌的作用。1973 年，湖南省长沙市马王堆汉墓出土了帛书《五十二病方》，其抄写年代推测在秦汉之际，是我国现存最早的医方著作，书中有 4 个药方都用到了水银。汞曾被藏族人认为是可以治愈骨折、延长寿命、维持健康的良品。此外，现代医疗中一些疫苗和药物会使用微量的汞（如硫柳汞）作为防腐剂，硫柳汞进入人体后会被迅速分解，不会积聚。世界卫生组织对有关使用硫柳汞作为疫苗防腐剂的相关科学证据进行了十多年的密切监测，得出一致结论：没有证据表明疫苗中的硫柳汞会对人体健康构成危害。汞的使用跨越了历史的长河，然而它闪亮迷人的外表下其实藏着深邃的秘密。

面纱下的恶魔面孔

汞的广泛应用导致人们不可避免地会在日常生活中接触到它。此时，不得不提及汞潜在的毒性作用。汞是一种具有高毒性、持久性、易迁移性的环境污染物。虽然人体直接接触汞不会产生毒性作用，但是汞在蒸气状态被吸入人体后可溶于血清，黏附在红细胞膜上，通过血压循环穿透血脑屏障进入并蓄积在大脑中。此外，汞还可能在甲状腺、肌肉、肝脏、肾脏等多种组织器官中蓄积，导致其功能障碍。进入人体的汞主要以氯化汞的形式被排至体外，排泄半衰期根据蓄积的靶器官不同从几天到几年不等，其中，中枢神经系统等部位蓄积的汞的半衰期可长达数年之久，造成持续性神经损伤。

无机汞

工业生产中添加的汞多为无机汞。其中，氯化亚汞（Hg_2Cl_2）又称“甘汞”，作为参比电极在电化学领域得到广泛应用。甘汞难溶于水，不易被肠道吸收，毒性较低，研究发现“粉红病”与甘汞有一定相关性，这反映人体能吸收一定量的甘汞。氯化汞（$HgCl_2$）可作为防腐剂和照相胶片的显影剂，也可作为化妆品中的添加剂。氯化汞具有较强的毒性，可经胃肠道吸收并产生毒性效应。

甲基汞

汞一旦进入环境，即可被细菌转化为甲基汞，而甲基汞作为有机汞的主要成分又可通过生物放大效应，经水生生物的食物链阶段性富集，最终产生更加强烈的毒性作用。这些形式的汞的毒性及其对人体健康的影响各有不同。公共卫生历史上典型的一例甲基汞中毒案例就是日本水俣病事件。20 世纪 50 年代，日本熊本县一家工厂向水俣湾排放含有高浓度甲基汞的工业废水，导致当地海产品受到严重污染，以捕鱼为生的居民摄入汞污染的海产品后出现口齿不清、步履蹒跚、面部痴呆、手足麻痹、感觉障碍、视觉丧失、震颤、手足变形等症状，严重者精神失常，或酣睡，或兴奋，身体弯弓高叫，直至死亡。

汞的毒性作用

人体在吸入、食入或表皮接触不同的汞化合物后可能产生神经功能紊乱，症状包括震颤、失眠、记忆力减退、神经肌肉受损、头痛、认知能力和运动功能障碍等。一般来说，有两类群体对汞极为敏感。第一类群体是胎儿，汞会影响其生长发育。胎儿在母亲子宫中接触汞通常是由于母亲孕期食用被污染的鱼和贝类。汞可对胎儿正在发育的大脑和神经系统产生不利影响。甲基汞对人体健康的主要影响是损伤神经发育，故胎儿期接触甲基汞的儿童的认知思维、记忆、注意力、语言、运动和视觉空间技能都可能受到影响。第二类群体是经常甚至长期接触高浓度汞者，如靠渔业自给自足者、汞职业接触者）。一项收集了巴西、加拿大、中国、哥伦比亚和格陵兰人口数据的研究显示，靠渔业自给自足的人群中，每千人中有 2~17 名儿童会因食用含汞鱼类而出现认知损伤（轻度精神发育迟滞）。还有研究显示，长期在高浓度汞环境（空气中单质汞水平 20 $\mu g/m^3$ 或以上）中作业的工人会出现中枢神经系统中毒的轻微亚临床症状。

汞中毒急救措施

(1) 皮肤接触： 汞中毒时，立即用大量清水冲洗汞接触的皮肤部位，若沾染到衣物应将其尽快处理干净，避免再次污染，随后及时就医。

(2) 吸入： 吸入汞蒸气中毒时，应迅速脱离中毒现场至空气新鲜处，必要时进行人工呼吸。

(3) 误食： 立即使用纯净水漱口，并饮用牛奶或蛋清，蛋白质可在消化道形成保护膜减缓汞对身体的损害。

(4) 家庭汞泄漏： 将硫粉撒在液体汞上，使其与汞反应，若汞已挥发成蒸气，应立即打开门窗，保持通风，避免皮肤直接接触汞。

防治汞污染势在必行

鉴于汞具有较强的毒性作用，目前世界各国都在采取各种措施以减少含汞材料的使用和汞的排放。火力发电和燃煤取暖是排放含汞污染物的主要途径，煤中含有汞和其他有害空气污染物，推广天然气及其他不燃烧煤炭的清洁新能源可有效降低含汞废气废水的排放。矿物开采会使工人接触汞，推广无汞黄金萃取技术并加强安全生产措施有助于减少工人的汞暴露。部分含汞产品正在被优化后的同类不含汞产品取代。例如，含汞的水银温度计和血压计逐渐被电子温度计和血压计取代；牙科领域正在研究和开发具有成本效益的补牙材料，以减少汞合金的使用；过去一些皮肤美白产品含有无机汞添加剂，如今许多国家已禁止使用含汞的皮肤美白产品。

本章要点

汞的用途

- 汞合金补牙。
- 皮肤美白产品。
- 朱砂。
- 防腐剂。

汞的形态

- 无机汞。
- 甲基汞。

汞的毒性作用

- 震颤。
- 失眠。
- 记忆力减退。

汞中毒的应对

- 皮肤接触：用大量清水冲洗，及时就医。
- 吸入：脱离中毒现场，呼吸新鲜空气。
- 误食：立即漱口，饮用牛奶或蛋清。
- 家庭汞泄漏：撒硫粉，使其与汞反应，同时开窗通风。

第 19 章

哎呀！“镉”着骨头啦

镉（Cd）对许多人来说可能有些陌生，但它广泛存在于我们的日常生活中。镉和铅、汞一样，都是重金属，对人体有一定毒性。镉对人体健康的影响主要表现为慢性中毒。镉在环境中的含量相对较低，但因其在环境中的迁移和富集作用，可通过饮食途径（尤其是谷物和蔬菜）进入人体。此外，吸烟也是镉进入人体的重要途径，因为烟草中的镉含量很高。

由此可见，长期暴露于含有镉的环境中时，人体可能会产生一系列健康问题，如肾脏疾病、骨质疏松症、恶性肿瘤等。因此，让大家认识镉、了解镉、清楚镉的危害，对于有效防范镉造成的健康风险意义重大。

镉的知识要知道

镉是一种有色金属元素，在元素周期表中属于第五周期，其单质金属呈银白色。镉具有良好的柔软性和延展性，且耐腐蚀，因此可用作其他金属的保护性镀层。镉在地壳中的分布较为广泛，平均浓度为 0.1 mg/kg，但很少出现镉单独成矿的现象，常在其他金属矿中（如锌、铜等）以少量镉的形式存在。1817 年，德国化学家弗莱德里克・施特罗迈尔（Friedrich

Stromeyer）从碳酸锌中分离出一种黄褐色的沉淀物，即硫化镉（CdS）。此后的100年间，德国一直是重要的镉生产国。目前，亚洲是镉的主要生产区域。

镉的毒性很强，其毒性作用可能与接触者的年龄、性别、接触剂量、接触途径、接触的化学物质种类等因素有关，也可能与接触者的遗传和营养状况存在关联。

镉的用途要了解

镉是一种过渡金属元素，被广泛应用于工业、农业和医疗等领域。

(1) 制造合金。由于单质金属在使用过程中往往具有一定的特性限制，人们倾向于将多种金属以不同比例相结合使用，以满足生活、生产中的多种需求。例如，银铟铬合金由 80% 的银、15% 的铟和 5% 的镉组成，吸收中子能力好，机械强度大，可用作核反应堆的控制棒；锡铅铋镉合金的熔点仅为 70 ℃，可作为良好的焊料用于焊接金属、玻璃等构件；镉镍合金由 98.65% 的镉和 1.35% 的镍组成，是制造飞机发动机轴承的优良材料。

(2) 镍镉电池。电池在我们的生活中有着重要的作用，人们比较关注电池的耐用性和安全性。镍镉电池温度耐受性强、性能稳定、经济耐用，且不易发生爆炸等危险事件，在极端环境中也能正常使用。目前镉镍电池的应用主要涉及电子产品、航空航天等领域。

(3) 颜料制造。以硫化镉为主的无机染料具有性质较为稳定的特点，颜色方面可呈现出浅黄色、红色以及酱紫色等。镉系染料遮盖能力较强且耐高温，因此常作为高温染料用于陶瓷和塑料等领域。

(4) 涂料和电镀。镉具有良好的耐腐蚀性能，以涂料和金属电镀的形式用作零件及构件的保护性涂料，常见于汽车制造、电子产业和飞机制造等领域。

(5) 塑料稳定剂。镉化合物可用于生产塑料稳定剂。塑料产品的生产过程中，加入含镉的稳定剂可减缓塑料分解过程，既能延长塑料制品的使用寿命，又能帮助其维持较好的色彩。

镉虽然应用广泛，但具有一定的毒性和污染性，目前人们正在尝试采用其他材料取代镉。我们在合理利用镉的同时，也要时刻警惕其对环境和人体健康的危害，进行含镉的生产作业时，需要严格按照安全操作规程做好个体防护；日常使用含镉的物品时，同样需要严格按照产品说明书规范使用。

镉的危害要清楚

镉这种重金属元素在地壳中天然存在，但大多数的人体接触通常与人类活动导致的环境污染有关。钙、铁、锌、铬等金属元素都是人体所需的营养物质，对维持机体的生长发育和发挥组织的正常生理功能具有重要作用；然而，镉并不是人体所需的金属元素，其在体内蓄积到一定程度时可能会对人体健康造成威胁。那么，人体摄入过多的镉时会产生怎样的健康问题呢？

(1) 急性中毒。约 100 mg 的镉就可致人体急性中毒，主要临床表现为恶心、呕吐、腹泻等急剧的胃肠道刺激症状，随后出现中枢神经系统中毒症状。患者倘若中毒症状较为严重，可因出现虚脱症状而最终死亡。

(2) 慢性中毒。这里以慢性镉中毒的典型案例——日本痛痛病为例，向大家说明长期摄入镉对人体健康的危害。20 世纪，日本富山县神通川流域的一些镉污染地区曾出现过一种奇怪的疾病，这种疾病会使人全身剧痛，故得名“痛痛病”。发病初期，患者可能只感觉到腰、背、膝关节等处有刺痛，但随后发展为全身疼痛，还会出现骨骼的多种病理损伤，如骨骼畸形、病理骨折及骨软化症等。此外，患者还会出现肾功能受损的症状，最终发展为肾衰竭。后来相关人员对发病原因进行探查，发现患者所生活的区域内存在着工业废水不合理排放的现象。排放的污水进入邻近的水域，较早受到影响是生活在这片水域中的鱼贝类生物，随后污水被用于灌溉稻田，稻米也因此受到含镉污水的影响，人们因食用这些被镉污染的稻米和鱼贝类食物而间接摄入了镉，导致体内镉含量不断增加、蓄积，并引发肾脏和骨骼损伤。

因此，我们需要提高对镉污染的警惕，采取有效的预防措施，保护我们赖以生存的环境和自身健康。

镉的防治要学习

镉不但污染环境，还对人体有害，是重金属中的有毒物质。因此，我们需要学习如何防治镉污染，可以考虑从以下几方面着手。

(1) 了解镉的来源。虽然镉在地壳中天然存在，但日常生活中的人体接触往往与环境污染有关，主要来源于工业废水、农药、化肥等。了解这些来源，有助于我们防患未然。

(2) 减少镉的使用。鉴于镉的毒性和污染性，工业生产中应尽量减少镉的使用，寻找合适的材料作为替代品。在农业生产中，应选择不含镉的化肥和农药，减少镉在土壤中残留的机会。

(3) 合理处置废水。工业废水是镉污染的主要来源之一。因此，工厂应设立废水处理设施，去除废水中的镉，防止含镉污水污染水体。

(4) 保持健康饮食。食物是镉进入人体的主要媒介。因此，我们应选择绿色有机的蔬菜及食物，对来源不明的食物做到不购买、不食用，尽量选择低镉食物，少食或避免食用高镉食物。

(5) 坚持定期检测。对土壤、水源和食物进行定期的镉含量检测，以及时发现镉污染现象，早发现、早处理、早解决，以免酿成更大的环境和健康灾祸。

(6) 做好科普教育。通过各种渠道，如学校、社区、媒体等，对居民和学生群体进行镉污染的科普教育，提高公众的环境保护意识。

总的来说，避免镉的危害需要我们在生活中未雨绸缪，在注意个人防护的同时，保持健康的饮食习惯，定期进行健康体检。此外，我们也要注意保护环境，保护我们赖以生存的家园，只有这样才有可能减少环境破坏所带来的健康威胁。

本章要点

镉

- 位于元素周期表第五周期
- 单质金属呈银白色
- 具有良好的柔软性和延展性，且耐腐蚀

应用

镉的用途

- 制造合金
- 镍镉电池
- 颜料制造
- 涂料和电镀
- 塑料稳定剂

危害

急性中毒

- 胃肠道刺激症状（恶心、呕吐、腹泻等）
- 中枢神经系统中毒症状
- 虚脱甚至死亡

慢性中毒

- 日本痛痛病
- 腰、背、膝关节等处有刺痛感
- 骨骼病理损伤（骨骼畸形、病理骨折及骨软化症等）
- 肾功能受损（可发展为肾衰竭）

防治

防治

镉污染的防治措施

- 了解镉的来源
- 减少镉的使用
- 合理处置废水
- 保持健康饮食
- 坚持定期检测
- 做好科普教育

第 20 章

“铅”途无量

铅（Pb）是地壳中常见的金属元素，因具有低熔点、耐腐蚀、塑形好等特点而广泛应用于合金、蓄电池、管道、颜料、塑料、化妆品等众多领域。铅是一种略带蓝色的银白色金属，暴露在空气中很容易被氧化，形成灰黑色的氧化铅，故我们看到的铅块通常是灰色的。

无量前途——铅的广泛应用

铅是人类最早使用的金属之一。人类在 7000 年前就已认识到铅的价值。公元前 3000 年，人类学会从矿石中熔炼铅。大英博物馆里藏有在埃及阿拜多斯清真寺发现的公元前 3000 年的铅制塑像。伊拉克乌尔城等城市发掘古迹所得的材料中有古代波斯人所用的楔形文字的黏土板文件记录。这些记录说明，公元前 2350 年，人类已经能从矿石中提炼出大量铁、铜、银和铅。据传，古巴比伦的“空中花园”中，铅被用于覆盖物品以保存水分。铅具有良好的延展性，甚至可通过与铜、铁等其他金属结合制备成合金以拓展其金属特性。因此，铅在近代社会被用于制作水管，在工业革命中发挥了至关重要的作用。

随着人类社会不断发展，生产工具的进化促使多项新技术出现，方铅矿被发现可用于探测电磁波，这成为日后促成无线电技术发展的代表性事件之一；随后，铅的硫族化合物被用于制作红外探测器，这推动了红外技术向前迈出巨大一步；夜视设备的产出以及光谱分析技术的普及大大推动了军事及化学领域的发展。此外，铅的硫族化合物可改变晶粒以调整带隙，从而能够覆盖广泛的光谱范围，这一现象称为量子限域效应，研究者们依据这一特性将铅广泛应用于场效应晶体管、太阳能电池和光电探测器等多个领域。随着时代发展，铅的用途也越来越广泛，现代社会中铅的常见用途如下：①电池：铅酸电池是一种常见的电池类型，用于电动汽车、太阳能系统和备用电源；②建筑材料：铅在建筑工业中用于防水材料、屋顶覆盖、管道和建筑骨架的重量平衡；③弹药：铅可增加弹药的质量和稳定性，不过现在一些国家在这方面已采用替代材料；④油漆：铅白曾是一种广泛使用的白色颜料，但现在被更安全的替代品所取代；⑤汽车零件：铅曾用于汽车零件，如车轮平衡块，不过如今人们环保意识逐渐增强，已减少铅在这方面的使用；⑥铅玻璃：铅玻璃用于制作彩色玻璃窗和玻璃器皿，但已被更安全的材料替代；⑦印刷和印染：铅曾用于印刷行业的活字和染料，但现在已被数字印刷和环保染料所替代。

总之，铅作为一种元素在人类历史中扮演了重要的角色，拥有多种用途。然而，我们现在更加关注如何减少铅对环境和健康的不利影响，并寻求更安全的替代品来满足现代社会的需求。

便利生活所付出的代价

早期提炼铅的方法是在空气中焙烧矿石，这一过程会将铅硫化物转化为铅氧化物和铅硫酸盐。如今铅的产量有一半以上都来自矿石燃烧，这一过程中产生的诸多污染物对环境有着不可忽视的重要影响。铅是一种毒性累积金属，可影响人体的多个系统，包括神经系统、血液系统、消化系统、心血管系统和泌尿系统。据联合国统计，全世界每年有 90 万人死于铅中毒，数百万人受到低水平的铅暴露，约 30.0% 的特发性智力残疾、4.6% 的心血管疾病和 3.0% 的慢性肾脏病都是铅暴露所导致的。人们可能接触到铅的途径如下：①吸入含铅材料燃烧产生的铅颗粒，如在冶炼、回收、剥离含铅油漆和含铅塑料电缆以及使用含铅航空燃料过程中产生的铅颗粒；②摄入受到铅污染的尘埃、水（如来自含铅管道）、食物（如使用铅釉制作的或铅焊接的容器存放），以及通过手 - 口行为的暴露。

儿童特别容易受到铅中毒的影响，因为他们从特定来源吸收的铅是成人的 4~5 倍。此外，儿童具有极强的好奇心以及与其年龄相符的手 - 口行为，会将含铅或镀铅物品放入口中甚至吞下。患有异食癖心理障碍（总是强迫性想吃非食用物品）的儿童出现这种行为的可能性更大，例如，其可能会从墙壁、门框和家具上取下含铅涂料并吃掉。在尼日利亚、塞内加尔等国家，蓄电池回收和采矿导致土壤和灰尘受到铅污染，使当地出现大规模儿童铅中毒事件。

铅一旦进入人体，就会扩散到大脑、肾脏、肝脏等器官，并储存在牙齿和骨骼中，随着时间推移而不断蓄积。储存在骨骼中的铅可在女性怀孕期间进入血液，使生长中的胎儿受到铅暴露影响。营养低下的儿童更容易受到铅的影响，这是因为身体在缺乏钙、铁等营养素时会吸收更多的铅。

铅及其化合物已被列入 2 类致癌物清单和有毒有害水污染物名录（第一批）。美国疾病控制和预防中心表示，儿童特别容易受到铅的神经毒性影响，即使再低的血铅水平也会影响儿童的智力、注意力和学习能力，这种影响是巨大且无法逆转的。据联合国儿童基金会报告，全球约有 1/3 的儿童受到铅中毒的影响，中国血铅水平＞ 5 μg/dL 的儿童约有 3123 万名。目前，临床常使用螯合剂治疗铅中毒，如二巯基丙醇、青霉胺、依地酸钙钠、二巯琥珀酸，但这会对 50% 的患者产生副作用，更有铅毒性恶化的报告。铅中毒每年造成了全球近 1.5% 的死亡（90 万），几乎与艾滋病（95.4 万）带来的灾难一样，远高于疟疾（62 万）、战争和恐怖主义（15 万）和自然灾害（9 万）。近年来，铅在汽油、油漆、管道和焊料中的使用有所减少，使人口平均血铅浓度大幅降低。然而，全世界仍然存在大量的铅接触源，特别是在发展中国家。我们需要进一步努力减少铅的使用和释放，减少环境和职业接触，保护儿童和育龄妇女免受铅暴露影响。顺带一提，一些食物可帮助我们排除体内多余的铅，如表 20–1 所示。

表 20–1　排铅的食物

高蛋白食物	高钙食物	高铁食物	维生素
牛奶	虾皮	猪血	维生素 C
鸡蛋	坚果	黑木耳	维生素 B_1
鹌鹑蛋	马铃薯	红枣	维生素 B_2
牛肉	芝麻	番茄	维生素 B_6
豆制品	芹菜叶	草莓	叶酸
酸奶	柑桔	桂圆	维生素 B_{12}

目前，世界卫生组织正在积极编撰铅暴露防控指南，多数国家都在控制铅的使用。相信在不远的未来，生产工艺的进步以及政策制定的完善将会有效减少铅给人体健康带来的种种危害。

本章要点

铅的用途

- 电池。
- 建筑材料。
- 红外探测器。

铅的毒性

- 智力受损。
- 心血管疾病。
- 慢性肾脏病。

排铅的食物

- 高蛋白：牛奶、鸡蛋、鹌鹑蛋。
- 高钙：虾皮、坚果、马铃薯。
- 高铁：猪血、黑木耳、红枣。
- 维生素：维生素 C、维生素 B_1、维生素 B_2。

第 21 章

“砷”藏身与名

砷（As）是什么？砷是臭名昭著的毒药之王，砷及其化合物已被列入 1 类致癌物清单和有毒有害水污染物名单（第一批）。不过，19 世纪前，砷及其化合物曾是保健品、化妆品的成分，甚至是梅毒等疾病的治愈良方。那么，砷在人类生活中究竟是治病良方，还是杀人毒药？让我们一起来看看砷的前世今生吧。

砷与人类的初见

自然界中，含砷的矿物组成复杂，名称众多。人类利用最早也最多的主要是两种矿物——雄黄与雌黄。

雄黄（As_2S_3）：通常为橘黄色粒状固体或橙黄色粉末，质软，性脆。

雌黄（As_4S_4）：颜色呈柠檬黄色，条痕呈鲜黄色，半透明，金刚光泽至油脂光泽。

雄黄与雌黄又被称为矿物鸳鸯，总是相伴相生。

在中国，雄黄与雌黄最早见于《山海经·中山经》：“蓌山，蓌水出焉，而北流注于伊水，其上多金玉，其下多青、雄黄。”古人相信雄黄产于山南，而雌黄产于山北，故按阴阳五行的说法将其命名。在我国古代盛行的修仙炼丹和医药活动中，雌黄与雄黄占有重要地位，医学家按产地、理化性状以及用途取了许多别名；而炼丹家为了显示炼丹术的神奇或是保密，又额外取了许多隐名。

在西方，砷的英文名称“arsenic”被认为可能源于古波斯语“az-zarnikh”，意为“雌黄（阴性冠词+金黄色的）”；也可能源于古希腊思想家亚里士多德（Aristotle）的著作中提及的“arsenikon”，“arsen”意为“有毒的，强烈的”，反映了古代西方人便已知道砷的毒性和药性的强烈程度。

无论是在东方还是在西方，砷作为人类的“老朋友”，很早便已参与进人类社会生活中。接下来，我们来看看砷在人类历史中扮演过哪些角色吧！

令人毛骨悚然的毒药之王

现在一提起砷，大家的第一反应便是毒药与暗杀，这都拜最经典的含砷毒剂——三氧化二砷（As_2O_3）所赐，也就是人们耳熟能详的砒霜。

早在公元前6世纪，人们便已开始从矿物中提取砷化合物，并且将其广泛应用于人类社会生活中。随着砷化合物的广泛使用，人们发现砷化合物毒性强烈，容易服用过量，再加上其无色无臭、难以检测且中毒症状与急性胃肠炎极其类似的特点，砷化合物很快被用于制作毒药。

希腊医生尼坎德（Nicander）曾描述过一种名为“公牛血”的毒药，其中毒症状十分符合砷中毒。传说古希腊雅典执政官狄密斯托克利（Themistocles）和希腊神话中的米达斯（Midas）便是用它自杀。

而在中国，早在西汉，人们就已经知道砷化合物含剧毒。西汉《淮南子·说林训》记载：“人食礜石而死，蚕食之而不饥。”其中的礜石指的便是含有砷酸盐的矿物。到了宋代，砷化合物更是被冠上了鹤顶红和砒霜等耳熟能详的名号。在《水浒传》中，潘金莲毒杀武大郎就是用的砒霜。

到了近代，砷化合物越来越受到暗杀者们重用。不只是平民，甚至是皇室贵族也难逃其手，拿破仑和光绪皇帝便是死于砷中毒。在文艺复兴时期，砷化合物作为毒药的滥用程度之高，法国当时专门审判此类案件的法官尼古拉·拉雷尼这样写道："人的性命是可以用钱来买的，而且还不贵，毒药便是大多数家族解决矛盾的唯一办法。"

直到 1836 年，英国化学家詹姆斯·马什（James Marsh）发明了马什试验，可以明确鉴定出砷化合物，才让一直在欧洲居高不下的砷中毒发生率逐渐下降，终结了毒药之王在人类社会肆虐的历史。

治病良药

在砷作为毒药之王的不光彩历史背后，砷作为药物的历史同样长久。在汉朝时期，人们就开始将砷的两种硫化物——雄黄和雌黄加工用作消毒药、皮肤药甚至是治疗疟疾的药物。隋朝的《九转流珠神仙九丹经》明确记载了"饵雄黄法"制砒霜，北宋的《开宝详定本草》、明朝的《本草纲目》记载了砒霜的药性，认为其"主诸疟，风痰在胸膈，可作吐药"，但"不可久服，能伤人"。此外，古人还发现砷有强壮剂的功能，晋朝的《抱朴子》记载砷可以令人长生、百病除、白发黑、堕齿生，故当时砷作为口服保健品在上流社会中传播，甚至逐渐成为了一种社会风尚。

砷及其氧化物同样也是传统医学中的一类重要药物。古人曾利用砷及其氧化物治疗疾病，例如，西医之父希波克拉底（Hippocrates）曾利用雄黄和雌黄治疗溃疡，波斯医生阿维森纳（Avicenna）曾利用砷剂治疗发热。而后，古人注意到砷具有腐蚀性，开始用它治疗银屑病等皮肤病。

从生活中潜藏的致命杀手到包治百病的万能灵药

18、19 世纪，欧洲进入化学时代，人们开始热衷于重新探索化学物质。他们很快就把目光再次投向了砷。

一开始，人们将砷用于制作绿色染料，如舍勒绿、巴黎绿。随着这些染料的流行，人们逐渐在玩具、服装、房屋装饰、生活用品、糖果糕点等领域中随意使用砷。不过，砷很快被指出存在毒性而转作杀虫剂使用。直到 20 世纪，含砷杀虫剂才因其致癌性而被淘汰。

18 世纪末、19 世纪初，随着治疗疟疾的富勒溶剂的问世以及瑞士医生冯·舒迪（Von Tschudi）对奥地利施蒂利亚地区人们服用砷块进行保健和美白的报道，砷走上了“万能药”的神坛，在治病、保健和美白三大功能的加持下，迅速在西方受到追捧。

自 1809 年富勒溶剂被写入《伦敦药典》后的 100 年时间里，人们把砷用作治疗疾病的药物，制成美白产品和保健品，甚至充当食物。

随着砷的流行，人们对砷的滥用也在日渐加重，使用量逐渐超过安全剂量。当慢性砷中毒打破了人们通过砷获得健康、强壮和美貌的幻想后，砷又一次被人们视为了洪水猛兽。

砷的今日

砷在元素周期表中处于金属元素和非金属元素的分界线上，属于半金属元素，其物理、化学性质也介于金属和非金属之间，具有银灰色金属光泽，其毒性与治疗方法与重金属元素类似，故置于“重金属元素”篇章介绍。

时至今日，我们发现砷化合物的毒性远超所有人的想象。人体如果不慎通过食物或水摄入 5 mg 三氧化二砷就可能中毒，超过 70 mg 则会出现生命危险。2017 年 10 月 27 日，世界卫生组织国际癌症研究机构公布的致癌物清单初步整理参考中，砷和无机砷化合物被列入了 1 类致癌物清单。长期食用含砷的食物、水或职业接触砷的人可能会发生皮肤癌、肺癌等。

砷在现代医学中也有对人体有益的一面。例如，令人闻之色变的砒霜——三氧化二砷，在被批准为临床治疗血液系统恶性肿瘤的有效药物以来，作为抗肿瘤药物一直被人们积极研究。此外，合理使用的含砷药物还被用于治疗丙肝病毒、腺病毒和 EB 病毒（Epstein–Barr virus，EBV）感染以及寄生虫引起的冈比亚昏睡病。一些新研发的有机砷化合物还被发现具有抗菌作用。

俗话说，“是药三分毒”。尽管砷及其化合物天然蕴含毒性，然而，倘若我们能以科学且审慎的态度加以利用，它们便有望摆脱过去单纯被视为毒物的刻板印象。相反，它们极有可能在未来成为我们对抗微生物侵袭、病毒威胁、寄生虫困扰乃至癌症挑战的强大盟友，展现出前所未有的应用潜力和价值。

如何理解砷中毒表现

随着科技的进步，我们对砷及其化合物的认识已经越来越清晰，不会再盲目地将其当作神药或补药随意使用。不过，我们在生活中依然有接触砷的可能性。砷作为农药、杀鼠药、防腐剂、药物和金属冶炼物，到现在仍然广泛存在于我们生活的方方面面。我们接触砷后，如何判断是否发生了砷中毒呢?

人体常见的砷中毒主要有以下 6 种表现。需要注意，并不是出现任意一种表现就表示一定发生了砷中毒，判断中毒与否还需要结合临床检查等。

（1）如果不慎摄入大量砷化合物，进入人体的砷化合物就会刺激胃肠黏膜，使肠道溃烂出血。砷中毒者会有食管烧灼感，口内有金属异味，恶心、呕吐、腹痛、腹泻，严重者还会出现肝脏、肾脏受损。

（2）砷中毒会破坏人体全身血管，导致血压过低甚至休克。较长时间的供血不足会使心脏发生病变，四肢出现坏疽，进而发展成人们常说的“乌脚病”。

（3）砷中毒者会出现头痛、头昏、乏力、口周围麻木、全身酸痛。手或脚的感觉运动神经损伤，肌肉疼痛，四肢麻木、无力，有针刺样感觉，感觉减退或消失，像是穿上了手套或袜子。

（4）砷中毒者会出现皮肤脱屑，而后皮肤颜色变深，出现一块块的色素沉积，同时变色皮肤的角质层增厚，出现像小粒玉米般的凸起。砷中毒还会使皮肤出现深棕色上散布白点，就像是落在泥泞小径上的雨滴。

（5）砷中毒者会出现呼吸道黏膜发炎、溃疡甚至鼻中隔穿孔。

（6）砷中毒会破坏骨髓造血功能，使白细胞、红细胞、血小板数量下降，导致伤口不易愈合、面色苍白、免疫力下降。

这样防治才科学

通过阅读前文，相信大家早已发现，砷的毒性与其剂量息息相关。世界卫生组织指出，砷含量低于 10 μg/L 对人体是安全的。在日常生活中，我们要严格保管好含砷的农药和杀鼠药，砷剂农药必须染成红色（与面粉、面碱等区分开），接触过砷的容器不能再装食物。不听信偏方，一定要在专业医生的指导下使用含砷药物，切忌自作主张。在有砷存在的工作场所中，我们一定要严格穿戴好防护衣物。

我们如果不慎接触到砷，又该如何保护自己呢?

（1）如果皮肤直接接触到砷，需要用大量清水冲洗沾到砷的部位。

（2）如果砷进入眼睛，需要用水冲洗眼睛至少 15 分钟，佩戴隐形眼镜者需要立刻取下隐形眼镜。

（3）如果不慎食用了砷，应该立刻前往医院进行催吐和洗胃。而后，遵循医嘱肌内注射 5% 的二巯基丙磺酸钠，口服二巯丁二酸 10 μg/kg（每 8 小时 1 次）。

（4）慢性砷中毒者需要离开含砷环境并接受治疗。

本章要点

砷的应用史

- 砷化合物很早便被用于制作毒药。
- 砷及其氧化物是传统医学中的一类重要药物。现代医学中，含砷药物被证实存在抗肿瘤、抗病毒、抗寄生虫等作用。

砷中毒的症状

- 胃肠道症状。
- 血管损害，导致血压过低甚至休克。
- 头痛，头昏，乏力，口周围麻木，全身酸痛。
- 皮肤脱屑，皮肤颜色变深，出现色素沉积。
- 呼吸道黏膜发炎、溃疡甚至鼻中隔穿孔。
- 骨髓造血功能被破坏。

砷中毒的治疗

- 如果皮肤直接接触到砷，需要用大量清水冲洗沾到砷的部位。

- 如果砷进入眼睛，需要用水冲洗眼睛至少 15 分钟，佩戴隐形眼镜者需要立刻取下隐形眼镜。
- 如果不慎食用了砷，应该立刻前往医院进行催吐和洗胃。而后，遵循医嘱肌内注射 5% 的二巯基丙磺酸钠，口服二巯丁二酸 10 μg/kg（每 8 小时 1 次）。
- 慢性砷中毒者需要离开含砷环境并接受治疗。

砷中毒的预防

- 严格保管含砷的农药和杀鼠药。
- 接触过砷的容器不能再装食物。
- 不听信偏方，一定要在专业医生的指导下使用含砷药物。
- 在有砷存在的工作场所中，严格穿戴好防护衣物。

第 22 章

镍，不只是硬币

金属铸币的发展史

货币是人类文明演变的标志，货币的历史也是人类文明演变的历史。货币从古至今的不同形态、材质反映出人类不断发展、精进的制造技术。中国最早的金属铸币可以追溯到公元前 14 世纪至前 11 世纪的仿贝铜币。直至秦朝，金属才长期作为货币的材质。西汉时期，金属铸币已经有了较为稳固的地位。与此同时，古人的金属提炼技术和铸造工艺日渐成熟。金属铸币在我国已有几千年的历史，且在现代社会的货币流通中仍然发挥着重要作用。中华人民共和国成立后，中国银行于 1957 年发行了三种铝分币；于 1980 年又发行了一元、五角、二角、一角四种元、角币；于 1992 年对元、角币进行调整，发行了新版元、角币，沿用至今。新版一元硬币采用钢芯镀镍技术，即通过电镀在硬币表面镀上一层薄薄的镍。

从硬币到万物

镍（Ni），原子序数为28。金属镍是一种有色金属，本身呈现具有光泽的银白色，与金属银的颜色相近。含镍矿石最早发现于德国的萨克森－安哈尔特州。这些矿石常被当作银矿石来使用，它们经常与银矿石混在一起。一元硬币的银白色泽就是镍赋予的。

镍具有优秀的耐磨性和耐腐蚀性，这意味着镍合金可以在长时间内保持硬币表面的光泽，且不容易受到氧化或其他化学反应的影响。这种特性使镍不仅被用于小小的硬币上，还在其他许多领域都有用武之地。在材料领域，镍可以作为制造高温合金、耐酸碱合金、非铁基合金等材料的重要原料，小到厨房里的不锈钢盆，大到宇宙里的航天飞船，都有镍的参与。特别是在不锈钢领域，镍的开发利用处于主导地位。在电镀领域，镀镍可以使物品变得更加美观，且不易被腐蚀。镀镍钢管、镀镍五金件等常出现在我们生活的各个角落。

镍除了具有优秀的耐磨性和耐腐蚀性，还具有良好的化学稳定性、电导率和储能能力，这些特性使其成为优秀的电导材料。镍可以用于制造电子元器件、电池等产品，如镍氢电池、镍镉电池、镍铁电池等，这些产品可应用于移动通信、汽车电子、新能源等领域。镍氢电池利用氢气和氧气反应产生电能，其正极由镍氢合金构成，具有较高的放电电压和能量密度。镍镉电池是以镍和镉为主要材料制成的电池，镍在电池中扮演着正极的角色，而镉则充当负极，镍镉电池具有能量密度高、寿命长和低温性能良好等优点。相较于镍镉电池，镍氢电池更环保，且不含有毒物质。我们在不同领域使用镍电池时，应综合考虑其特性和环保的重要性。

医学领域也有镍的身影。镍制品具有较高的强度和硬度，且易于加工和消毒，常被用于制造手术器械、注射器、针头等医疗设备。同时，镍还具备良好的生物相容性，不容易引起人体组织排斥反应，因此镍合金可用于制造人工关节，如人工髋关节和人工膝关节等，可以提供长期稳定的关节功能，并且与周围骨组织良好结合。镍铬合金具有较高的强度和耐腐蚀性，常被用作牙科修复材料，如牙冠、桥梁等。此外，镍在化学分析和生物学实验中也有广泛应用，可用于检测蛋白质结构和功能、制备 DNA 序列等。

自然环境的顽强反派

时至今日，人类对镍的大范围应用导致了镍在自然环境中的过度排放。镍可不是能轻轻松松消灭的小怪，相反，它是顽强的大魔王。

1. 水体污染

镍可以通过工业废水排放、农业排放和矿物溶解等方式释放到水体中。镍一旦进入水体，就会积累在沉积物中，并逐渐进入水生生物体内，导致水生生物体内的镍含量超过安全水平，对其生存和繁殖能力造成负面影响。

2. 土壤污染

镍可以通过废物排放、农药使用和土壤侵蚀等方式进入土壤中。一些植物可以吸收土壤中的镍，并将其积累在组织中。

3. 空气污染

镍可以通过空气中的排放物和颗粒物进入大气中，这主要来自燃煤、燃油和工业生产等活动。

镍危害环境的最大特征是具有持久性和积累性。镍在环境中很难被分解或转化，一旦进入生态系统，就会长期存在并不断积累。因此，预防镍污染显得尤为重要。

预防镍污染的措施如下。

（1）工业排放控制：对于涉及镍的工业领域，如冶金、化工和电镀等，应采取有效的污染防治技术，如安装废气处理设备和废水处理系统，以降低镍的排放。

（2）农业管理：农业生产中，应合理使用含镍的肥料和农药，以减少土壤和水体中镍的积累。

（3）监测和评估：建立镍污染监测网络，定期对环境中的镍含量进行监测和评估，及时发现问题并采取相应的措施。

（4）公众教育：加强公众对镍污染的认知，提倡环保意识，鼓励大家采取环保行动，共同减少镍的排放和污染。

人体健康的绊脚石

过量的镍及其化合物对人体有一定的危害作用。某些特殊人群在接触镍或含镍物质时会发生过敏反应，如皮肤刺痒、红肿、起疹子等。因此，医生在对患者进行与镍有关的医疗处理和用药前需要先询问患者的过敏史，避免发生镍过敏。吸入高浓度的镍颗粒或气体可能会对呼吸道产生刺激作用，引起咳嗽、喉痛、气喘等症状，这类情况大概率发生在工厂，故相关工作人员进行镍作业时要注意采取防护措施。摄入过多的镍可能对消化系统造成不良影响，引起恶心、呕吐、腹泻等症状。镍还可能致癌，国际癌症研究机构将镍及其化合物评定为可能对人类具有致癌性。

含镍的食物包括果仁类、粗粮类、肉类、海鲜类和巧克力等。这些食物中的镍含量并不是非常高，只有在长期大量食用的情况下才会对人体健康造成影响。不过，对镍过敏者应尽量避免或减少食用含镍的食物。

对人体健康而言，镍的必需性非常低。尽管镍是一种微量元素，但人体所需的镍量非常微小，通常以微克（μg）为单位，而且我们可以从日常饮食中获取足够的镍，不需要刻意补充。膳食镍摄入量一般为 70~260 μg/d。

综上所述，如何避免镍中毒、镍过敏并解决镍污染，是人类利用镍资源的同时必须要考虑的问题。

本章要点

镍的特性

- 呈现具有光泽的银白色。
- 具有优秀的耐磨性和耐腐蚀性。
- 具有良好的化学稳定性、电导率和储能能力。
- 具有较高的强度、硬度和良好的生物相容性，而且易于加工和消毒。

镍的应用领域

- 制造高温合金、耐酸碱合金、非铁基合金等材料。
- 电镀。
- 制造电子元器件、电池等产品。
- 制造手术器械、注射器、针头等医疗设备。
- 制造人工关节、牙科修复材料。
- 用于检测蛋白质结构和功能、制备 DNA 序列等。

镍污染

- 水体污染。
- 土壤污染。
- 空气污染。

镍污染的预防措施

- 工业排放控制。
- 农业管理。
- 监测和评估。
- 公众教育。

含镍的食物

- 果仁类、粗粮类、肉类、海鲜类和巧克力等。

镍对人体的作用

- 镍过敏。
- 镍过量：①对呼吸道产生刺激作用，引起咳嗽、喉痛、气喘等症状；②对消化系统造成不良影响，引起恶心、呕吐、腹泻等症状。
- 镍缺乏：对人体健康而言，镍的必需性非常低。
- 镍可能对人类具有致癌性。

第 23 章

“钨”合之众

钨（W），以高达 3410 ℃的熔点登榜熔点之最，原子序数为 74。钨具有银白色光泽，在自然界中多以矿物或化合物的形式存在，如碳化钨粉尘、钨酸钠、氧化钨、碳化钨，具有强耐腐蚀性。因此，钨成为各种工业、军事和医疗应用中的珍贵成分，是我们生活中不可或缺的一种元素。

钨对人体的影响

随着钨及钨制品生产规模的持续扩大，钨对环境的污染也逐渐成为人类健康的“隐形杀手”。

大多数进入体内的钨都能在短时间内经过消化和排泄系统排至体外，少量进入血液中的钨可能会在骨骼、指甲或头发中停留一段时间后排至体外。

钨和碳化钨粉尘为低毒性粉尘，可引起肺间质细胞增生，但不能引起明显的肺纤维化。不过，其常与钴综合作用，毒性明显加强，给人类健康带来不可逆转的损伤。长时间过量接触钨可能会刺激皮肤、眼睛，使其发炎、红肿，还会引发诸如哮喘等呼吸道疾病以及胃肠道功能紊乱。

减轻钨污染的措施

接触大量的钨会对人体健康造成不良影响，以下是一些减少职业接触的措施。

（1）加强通风，持续降低空气中钨及碳化钨粉尘的浓度。

（2）改进企业工厂工艺，选择对钴溶解能力最小的冷却剂。

（3）尽可能住在远离钨污染的地区，避免接触钨污染的食物和生活用水。

（4）加强个人防护措施，在含钨环境下工作者应佩戴防毒口罩、手套、防护镜并穿好防尘服。

（5）落实卫生保健措施，在与钨有关的工作场合张贴安全健康提示。此外，企业工厂还应采取防粉尘泄漏措施，及时进行车间清洁和工业垃圾处理等工作，防止二次污染。

（6）定期开展健康监护。工作中会接触钨制品者，要做到上岗前体检，在岗期间定期体检，及时发现并治疗因接触钨制品引起的健康问题。

本章要点

- 钨是一种重要的金属元素，熔点高，广泛应用于工业、军事和医疗领域。
- 钨对环境的污染逐渐成为人类健康的“隐形杀手”。
- 长时间过量接触钨可能导致皮肤炎症、呼吸道疾病、胃肠道功能紊乱等问题。

第 24 章

养身的“金”视界

金（Au）是一种稀有金属元素，与铜、银合称为“铜族元素”。以单质形式天然存在的金属中，只有金能发出金色光泽，其元素符号为 Au，在拉丁语中意为“太阳的光芒”。经过漫长的岁月，金依然能保持美丽的光泽，故常用于制作装饰品、金箔、金丝等。

金，从古至今都拥有高贵的地位，是财富的象征。其实，金不仅存在于大自然中，人体内也有属于我们自己的“财富”。一个体重 70 kg 的成人体内含有约 0.2 mg 的金，主要集中在血液、肝脏、肾脏中。金不仅是公认的价值货币，更是有着多种药用价值。早在《本草纲目》中就有所记载：“食金，镇精神，坚骨髓，通五脏邪气，服之神仙。”

五行养身——“金”视界

从中医角度来看，身体健康与五行之说密切相关。中医将自然界的万物归为金、木、水、火、土五行，并将人体的五脏六腑纳入五行系统，从而构成人体的五大系统（图 24–1）。五行中，金属肺。《黄帝内经》曰：“肺者，相傅之官，治节出焉。”意为肺在人体中相当于一国之相，处理各种事务，起到治理调节的作用。以此类推，我们体内的金同样起着治理调节的作用。

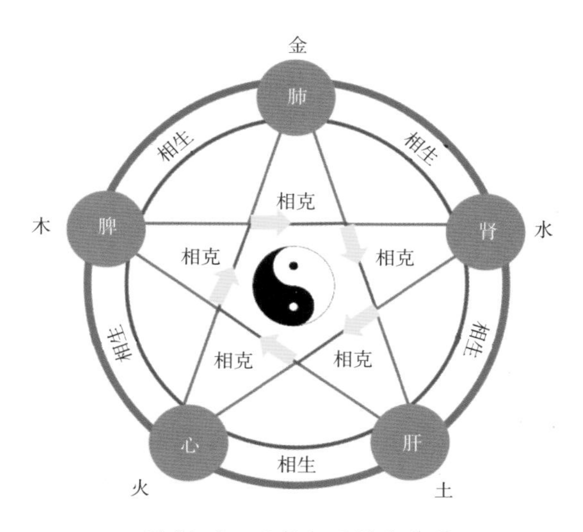

图24-1　五行与五脏的关系

（1）纠正阴阳能量：金具有一定强化能量的作用。肺的金属性较强，对应金，故肺不好的人可以佩戴黄金，以平衡身体的阴阳能量。

（2）安魂魄：《海药本草》曾记载黄金“补心”，《本草蒙签》称其“安魂魄”。这是指黄金具有镇静安神的作用，有助于改善情绪和精神状态。

（3）调气机：佩戴黄金首饰时，皮肤会与之摩擦，而手臂和手指上有众多经络，如肺经、心经、三焦经等，佩戴黄金首饰具有按摩、疏通经络的作用，可促进血液流动，减少瘀血阻滞。

（4）主皮毛：佩戴黄金首饰既能摩擦皮肤穴位，使气血运行通畅，又能降低皮肤感染概率，起到养护皮肤的作用。

（5）护脾胃：脾属土，五行中土生金，故金与脾有着密切关系；而脾又主水谷精微，是消化中心，故金也能帮助调和脾胃能量，护脾胃。

身体五行缺金的症状

中医认为五行即金、木、水、火、土的变化不仅使万物循环，还对人体健康产生影响。中医所谓的金型人是指五行缺金的人，其呼吸系统、毛发和皮肤易受损，可能会出现以下表现：自身燥气与环境燥气相逢时，燥气通于肺，易引发肺部疾病，如咳嗽、慢性支气管炎等；同时，肺与大肠相表里，若津液不足，易引发糖尿病、便秘等。

食金之道不可取

不知从何时起，食金之风日益盛行，金箔冰淇淋、金箔蛋糕、金箔咖啡风靡美食界，人们似乎对黄金的热爱已不再满足于佩戴和收藏了。然而，相关研究表明，黄金既不能作为食品原料，也不能作为食品添加剂，无论是金箔还是金砖都不会被人体吸收，食用过多反而会造成肠胃不适。

正确补金养肺之道

（1）阴阳调和，生活之道：调养作息，避免极端的生活方式，注重阴阳能量平衡。

（2）均衡饮食，食养之道：金系食物对应的是白色食物。这类食物能健肺爽声，促进肠胃蠕动，强化代谢，使皮肤充满弹性和光泽。常见的白色食物包括洋葱、大蒜、梨、白萝卜、山药、杏仁、百合、银耳等。

（3）情志调息，心灵之道：可通过冥想、呼吸练习等方式，舒缓压力，放松心情，进而促进身心健康。

（4）经络畅通，气血之道：可通过佩戴饰品、针灸或按摩等方式摩擦、刺激经络穴位，促进气血流通，缓解身体不适。

本章要点

- 金是一种稀有金属元素，具有独特的金色光泽，与铜、银合称为“铜族元素”。
- 金在自然界中以单质形式存在。
- 从中医角度来看，金与肺相关，起到纠正阴阳能量、安魂魄、调气机、主皮毛、护脾胃的作用。

第 25 章

“银”得健康

银（Ag）属于过渡金属元素，是一种重要的贵金属。银在自然界中能以单质形式存在，但绝大部分是以化合物的形式存在于银矿石中。银的理化性质较稳定，导热、导电性能较好，质软，富延展性。

银针试毒

银手镯变黑真的是因为吸收了人体内的毒素吗？银针试毒靠谱吗？其实，这些都是大家一直以来对银的认识误区。银手镯变黑是一种正常的化学反应，空气及其他自然介质中的硫离子会与银发生反应，生成黑色的硫化银附着在银饰表面。影视剧情中的银针试毒并非能验所有的毒，只限于一种特定的毒物——砒霜。古代的砒霜因当时提纯技术有限而含有大量的硫及硫化物，银针与其接触后发生反应，生成硫化银，使银针看起来变黑了。

明代著名医药学家李时珍在《本草纲目》中记载，银有安五脏、安心神、止惊悸、除邪气等保健功效；现代医学认为，银能杀菌消炎、排毒养生、延年益寿，长期使用可以起到加速代谢、增强抵抗力的作用。

银在现代医学中的应用

抗氧化： 银具有很强的抗氧化能力，可以清除体内的自由基，保护细胞膜和 DNA 免受氧化损伤，有助于预防多种慢性疾病。

抗菌作用： 银具有广谱抗菌作用，可以抑制细菌和病毒的生长。相关研究表明，活性银离子抗菌凝胶在泌尿生殖道及皮肤创面抗感染、促进创面愈合方面具有良好的应用前景。

调节免疫： 银可以调节人体的免疫系统，增强免疫细胞的活性，提高免疫力，还可用于快速检测甲型 H1N1 流行性感冒病毒。

促进伤口愈合： 银还可以联合其他药物，减轻创面炎症反应，具有协同降低机体炎症反应程度和促进创面愈合的作用。

过犹不及，“银”得适宜

近年来，含有银离子的保健品开始在北美地区流行。无论是内服还是外用，这类被官方定义为保健品而非药品的“神药”都拥有不少粉丝。2008 年，一档晨间脱口秀节目中，一位来自美国的“蓝精灵”现身了——保罗・卡拉森（Paul Karason），他坚持每天都喝下 10 盎司（将近 300 mL）的胶体银（一种银离子保健品），希望以此改善自己的健康状况，但这种习惯使其全身皮肤和黏膜组织彻底变蓝了。保罗其实患上了银质沉淀症（argyria），简单来说，就是银中毒，罪魁祸首便是被滥用的胶体银。如今，科学家们针对银离子开发出了更安全有效的用法，如将其加在伤口敷料中或用作关节置换中的抗感染添加剂。

虽然银对人体健康有着诸多好处，但我们使用银及相关产品时，应遵循使用说明，避免过量使用，以达到我们想要的健康效果。

本章要点

- 银是一种重要的贵金属，具有稳定的理化性质和良好的导热、导电性能。
- 银饰品变黑是正常的化学反应，并非吸收了人体内的毒素。
- 银有杀菌消炎、排毒养生等健康功效，但过量使用可能导致银中毒。
- 使用银及相关产品时，应遵循使用说明，避免过量使用。

第 26 章

“钛”空金属——全能王

钛（Ti）的发现可以追溯到 1791 年，英国牧师威廉·格雷戈尔（William Gregor）在黑磁铁矿中发现了一种新的金属元素。1795 年，德国化学家马丁·海因里希·克拉普罗特（Martin Heinrich Klaproth）在研究金红石时也发现了这种元素，并将其命名为“钛”，以纪念希腊神话中的巨人“泰坦（Titans）”，象征着力量和耐久。

随后，人们开始对钛进行更深入的研究，并在 20 世纪初期发现了它在不锈钢、航空航天、化工等领域的广泛应用潜力。

钛的特性

钛具有低密度、高强度、耐腐蚀性和生物相容性等优点，成为许多高科技领域的重要材料。钛是一种银白色的过渡金属元素。钛由于其特殊的化学性质，在自然界中难以直接以单质形式存在。直到 20 世纪，科学家们才发现将矿石与碱金属还原剂一起加热到 300 ℃可以提取出纯的金属钛。

钛是世界公认的无毒元素，钛及其化合物对人体的作用几乎都是惰性的，钛金属是唯一对人类的味觉神经没有作用的金属。那么，作为金属中的全能王，钛具有什么特性呢？

（1）钛的密度小、比强度高。

金属钛的密度很小，低于大多数金属，但比强度却高于铝合金和高强合金钢。比强度是材料的抗拉强度与表观密度之比，比强度高说明金属材料轻且强度高。钛是一种轻型高强度的金属结构材料，在航空航天、导弹等尖端技术发展中被广泛使用。在一般工业中，钛也被广泛运用于各行各业，医疗器材、自行车、高尔夫球杆等都使用了钛及钛合金。钛合金轻盈、比强度高，常用作航天器材，因此，钛又被称为“太空金属”。

（2）钛的耐腐蚀性能优异。

钛的钝性取决于其表层氧化膜的存在，正因如此，钛在氧化性介质中的耐腐蚀性比在还原性介质中要好得多。钛在一些腐蚀性介质中不易被腐蚀，如硫酸、硝酸、氯气等。大名鼎鼎的强腐蚀剂“王水”能吞噬黄金、白银，甚至能把号称“不锈”的不锈钢侵蚀，使其变得面目全非。然而，“王水”在钛面前却表现得无可奈何。此外，钛不会像银一样氧化变黑，在常温下始终保持本身的色调。用钛制成的保温杯不但质地非常轻盈，而且十分坚韧和耐腐蚀，还能避免有毒金属物质的析出，因此，在保温杯销售市场，钛合金保温杯一直名列前茅。

（3）钛可以抗强锈。

钛的抗锈能力主要体现在化学方面。如上所述，即使在强腐蚀性物质面前，钛也不为所动。在日常生活中，我们烹饪所使用的炊具经常会遇到弱酸、弱碱、盐等腐蚀环境，而钛耐腐蚀性较好且不会生锈，因此大部分人会优先选择钛合金类炊具。

（4）钛无毒、无磁性。

钛是无磁性金属，在很大的磁场中也不会被磁化；另外，钛无毒且与人体组织及血液有好的相容性，具有独有的“亲生物性”，对人类的味觉神经没有任何影响。因此，钛合金经常被用于制作医疗器械。

钛的用途

了解了钛的特性后，让我们来看看其在诸多领域中的出色表现。

（1）航空器械。

“太空金属”钛在航空航天领域的应用广泛，因其具有密度小、比强度高、耐腐蚀性等特性，航天工业中许多部件都使用了钛合金。

（2）医疗器械。

钛及其合金具有优异的耐腐蚀性能、力学性能，以及合格的组织相容性，可用作人体的植入物，是理想的医用金属材料，在医疗领域有着广泛应用。作为全能王，钛可以使“金刚狼”成为现实。据研究，经过改良涂层的钛合金种植体对金黄色葡萄球菌和大肠杆菌表现出较高的抗菌作用，并且能通过促进间充质干细胞的成骨分化来加速骨再生。钛还可以作为人体的“金属骨头”（图 26–1）。

图 26-1　人体的“金属骨头”

（3）日常生活用品。

钛不仅在专业领域应用广泛，还涉及许多生活用品的制造，如钛锅、钛保温杯、钛餐具、钛自行车等。用无惧魔鬼“王水”的“金刚狼”钛合金制作的生活用品，不仅可以耐高温、耐腐蚀，还能在烹饪时不与食材发生化学反应，保证食材的原汁原味。钛具有抑菌性与亲生物性，一跃成为食器界的“荣誉金属王”。

钛对人体的作用

听到钛，你可能会想到金属材料，但你是否好奇过，这种金属材料为何会存在于人体组织中呢？钛对人体的作用主要体现在其作为医疗植入材料的特性上，而非直接对人体产生生理或药理作用。以下是钛对人体的主要作用。

（1）亲生物性：当钛被植入人体后，它不会与周围组织产生排异反应，可以与人体组织较好地兼容，有助于人体组织的生长和修复。

（2）耐腐蚀性：钛的性质相对稳定，能够抵抗人体分泌物的腐蚀，因此在植入体内后不易发生腐蚀损害现象，对人体无毒害作用。

（3）促进组织修复：钛在人体内可以形成热隔离层，有助于减少热量的散发，从而在一定程度上促进机体的组织修复或再生。

（4）机械性能：钛的力学性能与人体的骨组织较为相似，因此可以作为替代材料用于修复或替换受损的人体硬组织，如人工髋关节、膝关节等。

（5）美观性：钛植入人体后，由于其良好的亲生物性和耐腐蚀性，可以与周围组织较好地契合，使病变部位看起来更为美观。

本章要点

钛的特性

- 密度小、比强度高。
- 耐腐蚀性能优异。
- 抗强锈。
- 无毒、无磁性。

钛的应用领域

- 航空器械。
- 医疗器械。
- 日常生活用品。

钛对人体的作用

- 亲生物性。
- 耐腐蚀性。
- 促进组织修复。
- 机械性能。
- 美观性。

第5篇

放射性核素

第 27 章

来点颜“铯”看看

铯（Cs）是元素周期表中一种非常奇妙的金属元素，你可能现在听起来感到很陌生，但其实，每当你看电视时，电视的光电管里便有着铯。纯粹的铯呈现银白色，含有杂质时会略带黄色。铯质地很软，富有可塑性，又易熔化。铯是最软的金属，比石蜡还软，是仅次于汞的易熔金属。

铯的来源

铯的发现也是让人大惊失“铯”！1860年，德国化学家罗伯特·威廉·本生（Robert Wilhelm Bunsen）和物理学家古斯塔夫·罗伯特·基尔霍夫（Gustav Robert Kirchhoff）在德国海德堡用他们新发明的分光镜分析矿泉水样品的时候，猛然发现了一道明亮的蓝色光谱，随后他们从矿泉水样品中分离出了7 g氯化铯，将其命名为“caesius”，意为“天蓝色”。不过，本生和基尔霍夫未能制得纯净的金属铯。直到有了电解法，波恩大学的考尔·希欧多尔·赛特伯格（Carl Theodor Setterberg）教授从熔融的氰化铯中，第一次电解出了金属铯。

铯的性质

铯的化学性质非常活泼，在空气中会像磷一样自燃，放射出玫瑰般的紫色光芒。铯投入水中后，会与水发生剧烈的化学反应，产生氢气，出现燃烧甚至爆炸现象；另外，铯与冰接触也会出现燃烧现象。正因为铯这般“不老实”，我们必须将其封在玻璃管里，与空气、水隔绝。

铯在大自然中很少，而且很分散。不过，铯在海水中要比在陆地上多，据统计，海水中的铯含量在四千亿吨以上。现在，人们大多是从铯榴石、岩盐中提取铯。俗话说，物以稀为贵，如今铯比黄金还贵，在世界范围内，铯的年产量也仅有几千克。

铯的用途

铯最可贵的性质是优异的光电性能。铯一旦受到光的照射，就会被激发而释出电子。人们利用这一特性，将金属铯喷镀在银片上，制成各种光电管。光电管受到光线照射，便会产生光电流，光线越强，光电流越大。生活中，铯无处不在。例如，人们会在炼钢炉中用到铯，随着炉中火焰明暗变化，由铯制成的光电管的光电流大小也会发生变化，从而可算出炉中温度的高低，实现自动控制。此外，电视、光度计、通信设备中也会用到铯。

铯虽然美丽，但暗藏危险。铯具有轻微毒性，是一种有害材料。铯进入人体后，容易被吸收，从而均匀分布至全身；而放射性铯进入人体后主要滞留在软组织中，在骨和脂肪中的浓度较低，可引起急性、慢性损伤。凡事都有两面性，我们在合理使用铯的同时还要注意防范，以保护自己为重。

本章要点

铯的性质

- 化学性质非常活泼，易燃烧。
- 光电性能优异。

铯的用途

- 光电管。

第 28 章

不可"锶"议

俗话说"每天八杯水"，喝水的时候你是否注意到锶的存在？

锶的发现

锶的发现是从一种矿石开始的。1787 年，欧洲一些展览会上展出了从英国斯特朗申铅矿中采得的一种矿石。一些化学家认为它是一种萤石。

1790 年，英国医生阿代尔·克劳福德（Adair Crawford）分析研究了这种矿石，将其溶解在盐酸中，获得一种氯化物。这种氯化物在水中的溶解度比氯化钡大，在热水中的溶解度又比在冷水中大得多，溶于水后使温度降低的效应较大。它和氯化钡的结晶形态也不相同。克劳福德认为其中可能存在一种新土（氧化物）。

此后不久，英国化学家托马斯·查尔斯·霍普（Thomas Charles Hope）再次研究了这种矿石，明确它是碳酸盐，但与碳酸钡不同，其中含有一种新土。于是，霍普根据它的产地斯特朗申（Strontian）将其命名为"strontia（锶土）"。霍普指出锶土比石灰和重土更易吸收水分，在水中的溶解度很大，且在热水中的溶解度又比在冷水中大得多。霍普还指出锶土的化合物在火焰中呈洋红色，而钡的化合物在火焰中呈现绿色。

1789 年，拉瓦锡发表的元素表中没有来得及将锶土排进去，而戴维却赶上了，在 1808 年利用电解法从碳酸锶中分离出金属锶，并将其命名为“strontium（锶）”，元素符号为 Sr。

自此，人们对锶进行了更深入的研究，并发现了锶在生物学、农业和工业等领域的广泛应用。锶可用于制造高强度金属合金，也可在医学领域用作放射性示踪剂；锶化合物可用于制作荧光材料、火柴头、烟花等。

锶的性质

锶是人体不可缺少的一种微量元素，是人体骨骼和牙齿的正常组成部分，与骨骼的形成密切相关。此外，锶与血管的构成及功能也有很大关系，可帮助人体减少对钠的吸收，增加钠的排泄。

人体主要通过饮食来摄取锶。锶进入人体后，经消化道吸收，最终随尿液排至体外。锶的消化部位主要在小肠，然后通过主动运输和被动扩散两种吸收方式进入人体。此外，锶还可以经呼吸道及皮肤进入人体。

锶的作用

那么，小小的锶究竟对人体有怎样不可思议的作用呢?

（1）锶含量与血压呈正相关。锶具有保护心血管的功能，与冠心病、心肌梗死、高血压等心血管疾病密切相关。

（2）锶含量与龋齿率呈负相关。锶是人体骨骼和牙齿的重要组成部分，参与骨的形成。锶含量越高，龋齿的发生风险就越低。

（3）锶对骨质疏松症具有改善作用。锶能够促进成骨细胞和多功能干细胞的增殖。此外，锶还可改善骨代谢，提高骨质疏松症患者的骨质量。

科学补锶

（1）多吃叶菜类食物：叶菜类食物含有丰富的锶。

（2）饮用天然矿泉水：天然矿泉水含有丰富的锶，为 0.2~0.4 mg/L。锶缺乏者可饮用含锶的天然矿泉水以补充体内的锶含量。

本章要点

锶的作用

- 锶含量与血压成正相关。
- 锶含量与龋齿率成负相关。
- 锶对骨质疏松症具有改善作用。

科学补锶

- 多吃叶菜类食物：叶菜类食物含有丰富的锶。
- 饮用天然矿泉水：天然矿泉水含有丰富的锶，为 0.2~0.4 mg/L。锶缺乏者可饮用含锶的天然矿泉水以补充体内的锶含量。

第 29 章

太稀有"钌"

钌（Ru）是一种硬而脆、呈浅灰色的多价稀有金属，原子序数为 44，是铂族元素中的一员。

我国是著名的金属大国，也是世界上重要的铂族金属生产国之一，但国内所需钌资源仍需要通过一定量的进口补充来满足，可见钌的稀有。为什么钌会如此难得？

首先，钌在地壳中的自然含量非常低，大约只有 0.001 ppm，而且自然界中的钌与其他铂族元素常以复杂的形式混合在一起，导致钌的提取过程繁琐，成本高昂。其次，全球范围内钌的产地分布较为分散，致使钌的供应链相对脆弱，易受市场供需波动和政治因素的影响。

在日常生活中，大多数人很少会直接接触到钌，故关于钌对人体健康影响的研究相对有限。不过，据相关研究推测，高浓度、长时间的钌接触可能对人体产生一定的毒性作用。此外，少数人可能对钌过敏或敏感，接触钌时可能出现皮肤炎症、红肿、瘙痒等过敏反应。

目前，科学研究还未明确人体对钌的需求量，钌在人体内的含量极少，且不是人体必需的微量元素。虽然一些研究表明钌可能对人体的一些生物过程具有某种影响，但这并不意味着人体需要日常摄入钌以维持正常生理功能。

本章要点

钌稀缺的原因

- 地壳中的自然含量非常低。
- 提取过程繁琐，成本高昂。
- 产地分布较为分散。

钌对人体的作用（研究有限）

- 高浓度、长时间的钌接触可能对人体产生一定的毒性作用。
- 少数人可能对钌过敏或敏感，接触钌时可能出现皮肤炎症、红肿、瘙痒等过敏反应。
- 钌在人体内的含量极少，且不是人体必需的微量元素。

第 30 章

“铀”你是我的“辐”气

铀（U）是自然界中能够找到的最重原生元素，于 1789 年由马丁·海因里希·克拉普罗特（Martin Heinrich Klaproth）发现。铀属于元素周期表中的锕系元素，具有放射性，拥有较长的半衰期（10 万 ~45 亿年），没有稳定同位素，铀 –238（^{238}U）是半衰期最长的同位素。金属铀呈银白色。铀化合物早期用于瓷器的着色，人们发现核裂变现象后将其用作核燃料。

铀的健康影响

铀是一种环境重金属，具有放射毒性和化学毒性。

(1) 放射毒性。铀通过衰变过程释放出放射性辐射，这种辐射会对人体细胞的 DNA 和细胞结构造成损伤，进而导致多种健康问题。人体长期暴露在铀辐射之下会出现肾脏损伤、免疫系统损伤、生殖系统损伤等问题。铀具有较强的致癌性，特别是贫铀（DU），其致癌性比铅等重金属和钍等 α 辐射体都大得多。相关研究表明，从事铀矿开采、冶炼以及核材料生产、装配等工作的工人患系统性红斑狼疮、硬皮病、肺癌、淋巴瘤和骨癌等疾病的风险比普通人要高得多。

(2) 化学毒性。长时间、低剂量的铀暴露会损害人体健康。铀可以通过多种作用方式影响遗传物质的稳定性，导致基因损伤；此外，铀还会导致组织和细胞损伤，引起炎症反应等。

铀的污染来源

铀是一种广泛存在于自然界中的重金属，主要分布在土壤和水中。

(1) 土壤。土壤是放射性核素铀迁移和转化的重要介质之一，铀可以通过地壳活动和人类活动进入土壤。土壤中的铀不仅会影响动植物生长，还会随食物链进入人体，危害人体健康。

(2) 地下水。受自然和人为因素影响，铀可以被释放到天然水体中，污染地下水，进而带来潜在的生态环境与人体健康风险。由于自然环境中的铀暴露具有低剂量、长周期的特点，地下水铀污染引发的健康风险主要体现为化学毒性。

(3) 其他。不少食物中含有少量的铀，如海带、菠菜、花椰菜、豆类等，这些食物中虽然含铀量很低，但若长期大量摄入，也可能会对我们的健康造成一定的影响。

减少铀的摄入的方法和措施

（1）由于铀广泛存在于自然界中，我们需要采取科学的饮食方式和环境保护措施以减少铀的摄入。

（2）多吃富含钙、镁和锌的食物，以减少铀在体内的积累。

（3）多喝水，促进体内铀的排出，减少其在体内的滞留时间。

（4）尽量避免摄入使用了化肥和农药的食品，因为化肥和农药中的一些化学物质会增强人体对铀的吸收。

（5）少吃或不吃富含铀的食物。

（6）避免饮用被污染的水。

（7）对于工作中会接触到铀的人员，必须严格遵守安全操作规程并佩戴相应的防护设备，以减少铀的职业暴露。

本章要点

- 铀是一种放射性元素，半衰期长，具有放射毒性和化学毒性。
- 长时间的铀辐射可能引发肾脏损伤、免疫系统损伤、生殖系统损伤等问题，具有致癌性。
- 铀污染主要来源于土壤、地下水和食物。
- 减少铀摄入的方法包括科学饮食、保护环境、职业防护等。

第 31 章

“铕”朋自远方来

铕（Eu）是一种稀土元素，自然界中，铕以氧化物形式存在于多种矿石中。铕的英文名称“europium”来源于拉丁文，原意是“欧洲”。1896 年，法国化学家尤金 – 安托莱·德马凯（Eugène–Anatole Demarçay）发现了这种元素。铕具有独特的物理性质和化学性质，可用于制造屏幕及各种发光设备，同时还因具有吸收中子的能力而在核反应堆的控制棒中发挥作用。目前，关于铕对人体健康影响的研究相对较少。由于它在自然界中含量较低且人类对其的接触程度有限，普遍认为铕对人体健康的直接影响较小。在日常生活中，普通人接触到足以对健康造成影响的铕的机会非常少。铕的主要暴露风险出现在与铕处理和使用相关的工业环境中。尽管关于铕的毒性研究有限，但与其他重金属类似，长时间或高浓度的铕暴露可能会对人体造成某种程度的伤害。铕的环境影响也有待进一步研究。像其他化学物质一样，铕的开采、处理和使用需要在严格的安全和环境保护指南下进行。随着科技的发展和对铕需求的增加，进一步了解和监控铕对环境和人体健康的影响将变得越来越重要。

本章要点

- 铕可用于屏幕以及各种发光设备的制造，同时还因具有吸收中子的能力而在核反应堆的控制棒中发挥作用。
- 普通人接触到足以对健康造成影响的铕的机会非常少。
- 铕的开采、处理和使用需要在严格的安全和环境保护指南下进行。

第 6 篇

稀有金属

第 32 章

噼里“钯”啦交响乐

钯（Pd），属于铂系元素，是一种过渡金属元素，原子序数 46，金属钯呈银白色。提起钯，就会想到它优异的催化性能。这种催化作用可应用于众多领域，例如，钯催化剂可促进碳 – 碳键和碳 – 氢键的形成，可用于制备有机分子、合成新材料等。在电影《钢铁侠》中，钢铁侠不惜钯中毒都要使用钯反应堆（图 32–1），就是因为其具有高效的催化性能。在有机合成反应、氢化反应、羰基化反应、交叉偶联反应等化学反应中，钯都扮演着完美“指挥家”的角色，演绎出一场场噼里“钯”啦交响乐。

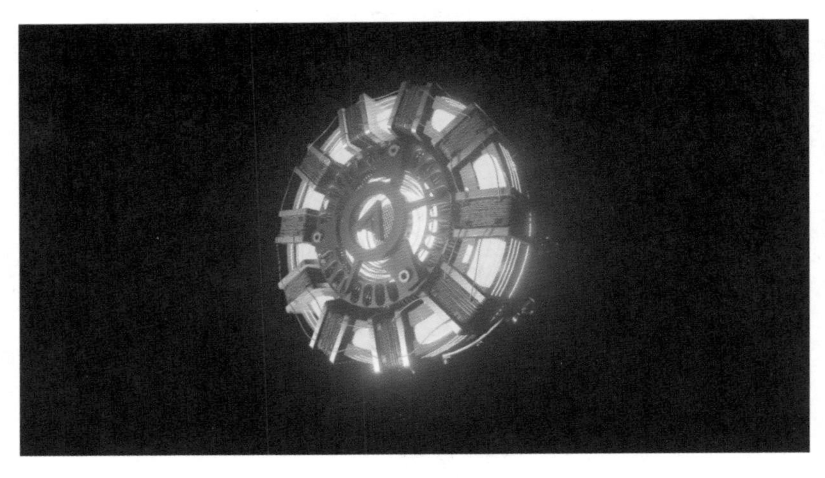

图 32–1　钢铁侠的钯反应堆

钯广泛应用于工业和科学领域。不过，在日常生活中，人们接触钯的机会相对较少，因此关于钯对人体健康影响的研究也较少。现有研究发现，金属钯在特定条件下可能会发生氧化反应，产生氧化钯，而氧化钯具有一定的毒性，可能导致中毒反应。此外，有些人可能对金属钯过敏或敏感，接触金属钯时可能出现皮肤炎症、红肿、瘙痒等过敏反应。与钯密切接触者需要注意安全。

钯不是人体所需的元素，因此正常情况下人体并不需要额外补充钯。

本章要点

钯的特性

- 催化性能优异。

钯的应用领域

- 参与有机合成反应、氢化反应、羰基化反应、交叉偶联反应等化学反应。

钯对人体的作用（研究有限）

- 钯过敏：皮肤炎症、红肿、瘙痒等。
- 氧化钯中毒 。

第 33 章

让我“锆”诉“铌”那些事

锆是一种金属元素，在自然界中，锆主要以化合物形式存在，而非单质。1789 年，德国矿物学家马丁·海因里希·克拉普罗特（Martin Heinrich Klaproth）从一种被称为“红柱石”（红色矿石）的矿物中发现了一种新元素。他将这种元素命名为“锆”，以纪念其发现地附近的波希米亚地区。锆化合物对人体的毒性较低，且生物可利用性也较低，这意味着锆化合物通常不容易进入人体组织并积累。但需要注意的是，长时间或高浓度的锆化合物暴露可能对人体健康产生一定的影响。现有研究表明，高浓度的锆化合物可能对肺部和呼吸系统产生刺激作用，并引起呼吸道刺激、炎症等。此外，动物实验发现，长时间的锆化合物暴露可能对生殖系统产生一定的不良影响。在医疗领域，锆可广泛用于制造人工关节、牙科修复材料（图 33-1）等医疗器械，这是因为锆具有良好的生物相容性和耐腐蚀性。请不用担心，锆制品在医疗使用中是经过严格测试和认证的，其安全性得到肯定。

铌与锆一样，在人体中没有明确的生理作用，对人体的影响较小。1801 年，英国化学家查尔斯·哈奇特（Charles Hatchett）从一种被称为“哥伦布石”的矿物中分离出了一种新元素。他将这种元素命名为“哥伦比亚（columbium）”（中译为钶，铌的旧称），以纪念美洲大陆发现者克里斯托弗·哥伦布（Christopher Columbus）。1844 年，德国化学家亨烈赫·罗

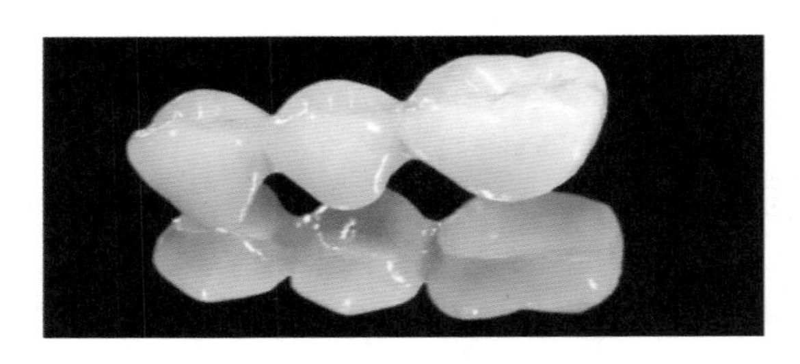

图 33-1　二氧化锆牙齿

沙(Heinrich Rose)证明了钶铁矿中包含钶和钽两种元素，并将钶(columbium)重命名为铌（niobium）。铌的化合物对人体的毒性较低，生物可利用性也较低。然而，现有研究表明，长时间或高浓度的铌及铌化合物暴露可能对人体健康产生一定的影响，如肺部炎症、呼吸道刺激以及潜在的致癌作用。但需要指出的是，绝大多数人不会在日常生活中接触到高浓度的铌。铌在外科手术领域的应用十分广泛，因其具有良好的耐腐蚀性，且不会与人体的任何体液发生化学反应，所以它可与人体组织长期结合并近乎无害地留在人体内。正因如此，人们将铌称为“亲生物金属”。用铌制成的医疗器械如同人体骨骼（图 33-2）一样，可以让人体肌肉正常生长，有助于患者恢复健康。

图 33-2　氧化锆铌股骨头

本章要点

- 锆化合物对人体的毒性较低。
- 锆具有良好的生物相容性和耐腐蚀性，可用于制造医疗器械。
- 铌在人体中没有明确的生理作用，对人体的影响较小。
- 铌在外科手术领域的应用十分广泛。

第 34 章

探秘“铼”龙去脉

1925 年，德国科学家发现了铼。铼，元素符号 Re，意为莱茵河。金属铼是一种银白色的超级金属。

铼在航空航天、电子、石油化工等领域应用广泛，被称为“战略金属”“航空金属”“超级金属”。

铼，这个名字可能在我们的日常生活中鲜有听闻，但它却是元素周期表中的一颗珍贵之星。大多数人对铼这个金属应该都感到很陌生，这是因为铼资源比较贫乏，价格也很昂贵，一直以来人们对它的研究较少。铼是地球地壳中的稀有元素之一，比钻石都稀有。

在科技发展的今天，由于铼具有耐腐蚀、耐高温、密度大、电阻率高等性质，其应用领域不断扩展。铼及其合金不仅在航空航天、电子、石油化工等领域应用广泛，在军事领域也十分重要。目前尚未发现正常饮食中的铼含量对人体健康有害。铼 -187（^{187}Re）的半衰期为 4300 万年，放出的射线很弱，不能穿透皮肤，对人体无害。尽管铼在人体健康中的确切角色尚待深入研究，但在正常饮食和环境中，它并不是我们需要过度担忧的元素。或许未来我们还能发现更多有关这种元素的奇妙之处。

本章要点

铼的特性

- 耐腐蚀。
- 耐高温。
- 密度大。
- 电阻率高。

铼的应用

- 航空航天领域。
- 电子领域。
- 石油化工领域。
- 军事领域。

第 35 章

原来“铷”此

铷（Rb），作为地壳中相对较少见的元素，通常以硫酸盐形式出现在自然环境中。金属铷呈银白色，质地柔软。铷在日常生活中可能并不常见，但在医学、工程等领域备受重视。例如，在医学领域，氯化铷及其他几种铷盐可用作 DNA 和 RNA 超速离心分离过程中的密度梯度介质，放射性铷可用于血流放射性示踪，碘化铷有时可取代碘化钾用于治疗甲状腺肿大。

那么，铷与人体健康有何关系呢？在通常情况下，鉴于铷在地壳中的相对稀有性，日常饮食中的合理摄入量几乎不可能引起健康问题。不过，任何元素过量都可能对人体产生负面影响。科学家们对铷的研究还在不断深入，未来我们对铷的认识会更加清晰。

本章要点

- 铷是一种金属元素，在地壳中相对稀有。
- 在医学领域，氯化铷及其他几种铷盐可用作 DNA 和 RNA 超速离心分离过程中的密度梯度介质，放射性铷可用于血流放射性示踪，碘化铷有时可取代碘化钾用于治疗甲状腺肿大。

第 36 章

认真的“钆”有大用途

钆（Gd）是一种罕见的金属元素，属于镧系元素。1886 年，L. 德 · 布瓦博德朗（L. de Boisbaudran）制得纯净的钆，并为其命名，以纪念芬兰矿物学家约翰 · 加多林（Johan Gadolin）。钆在自然界中多以矿物形式存在，主要在医学领域用作 MRI 造影剂的主要成分，以提高图像的质量；同时，钆还因具有磁性特性而被用于制造各种电子产品，如光盘和硬盘；此外，钆还可在核反应堆中用作控制棒材料。 虽然钆在医学领域中的应用被认为是安全的，但它也可能对人体健康产生一些影响。

作为 MRI 造影剂的主要成分，钆通常被认为对人体是安全的。大多数患者在接受含钆造影剂的 MRI 检查后没有出现严重的副作用。尽管罕见，但一些患者可能对钆造影剂产生过敏反应。此外，严重肾功能障碍者在使用钆造影剂后可能会发展出一种罕见且严重的疾病——肾源性系统性纤维化（nephrogenic systemic fibrosis，NSF）。虽然钆在自然界中的浓度很低，但它在某些区域可能因工业排放而累积，这有待进一步研究以了解其对生态系统的长期影响。随着科学技术的进步和相关研究的不断深入，未来我们将会更全面地了解钆对人体健康和环境的长期影响。

本章要点

- 钆在自然界中多以矿物的形式存在，是 MRI 造影剂的主要成分，用于提高图像的质量。
- 一些患者可能对钆造影剂产生过敏反应。
- 严重肾功能障碍者在使用钆造影剂后可能会发展出一种罕见且严重的疾病——肾源性系统性纤维化。

第 37 章

力挽狂“镧”

镧（La）属于稀土元素中的镧系元素，化学性质活泼。金属镧暴露于空气中会很快失去金属光泽并生成一层蓝色的氧化膜，但是其并不能保护金属镧，而会进一步氧化生成白色的氧化物粉末，故金属镧一般保存于矿物油或稀有气体中。镧在地壳中的含量约为 0.00183%，在稀土元素中含量仅次于铈。

镧的应用

镧广泛应用于各种领域，镧在工业领域中的常见应用如下。

（1）催化剂：镧可用作汽车尾气净化催化剂，帮助减少有害气体的排放，也可用于石油加工和化学工业中的催化反应。

（2）电池材料：镧镍氢电池是一种重要的可充电电池，其中镧用作阳极材料。这种电池广泛应用于混合动力汽车、电动汽车和便携式电子设备。

（3）光学玻璃：镧在光学领域中可用于制造高折射率玻璃，如摄影镜头和激光器的透镜。

镧与人体健康

（1）碳酸镧治疗高磷血症：研究证实碳酸镧能够结合磷酸盐进而产生磷酸镧复合物，对磷酸盐的吸收具有抑制作用，可降低血清磷酸盐及磷酸钙水平，有效治疗长期维持性血液透析（maintenance hemodialysis，MHD）所引起的高磷血症。此外，碳酸镧还能降低MHD患者肾性骨病相关因素水平，降低肾性骨病的发生风险。

（2）碳酸镧治疗继发性甲状旁腺功能亢进症：研究证实骨化三醇联合碳酸镧透析治疗继发性甲状旁腺功能亢进症有确切的治疗效果，临床证实联合用药明显优于单纯骨化三醇治疗，且具有较高的安全性。

（3）氯化镧治疗妇科肿瘤：研究证实浓度 1.5 μmol/L 的氯化镧可增强顺铂对卵巢癌耐药细胞的杀伤作用，并逆转卵巢癌顺铂耐药细胞的作用，浓度 1.5 μmol/L 以上的氯化镧对卵巢癌及卵巢癌耐药细胞的增殖具有明显的抑制作用。此外，氯化镧可抑制宫颈癌细胞增殖，抗凋亡和转移相关基因的表达，促进宫颈癌细胞凋亡。

（4）氯化镧预防龋齿：含有适量比例钙、磷、镧的矿化系统对牙齿硬组织具有良好的抑制脱矿和再矿化作用。经镧溶液处理后的脱矿牙釉质组织更加稳定，其显微硬度有所提高。

本章要点

镧的应用

- 催化剂：镧可用作汽车尾气净化催化剂，也可用于石油加工和化学工业中的催化反应。
- 电池材料：镧镍氢电池是一种重要的可充电电池，广泛应用于混合动力汽车、电动汽车和便携式电子设备。
- 光学玻璃：镧可用于制造高折射率玻璃。

镧与人体健康

- 碳酸镧治疗高磷血症。
- 碳酸镧治疗继发性甲状旁腺功能亢进症。
- 氯化镧治疗妇科肿瘤。
- 氯化镧预防龋齿。

第 38 章

工欲“钐”其事，必先利其器

钐（Sm）是一种银白色的稀土元素，广泛应用于科学、工业和医疗领域。钐在常温下具有良好的延展性和可塑性。钐在自然界中多以氧化物和矿物形式存在。

钐的应用

钐具有一些独特的物理和化学性质，在多个领域应用广泛，举例如下。

（1）磁性材料：钐具有较高的磁矩和磁导率，可用于制造强磁性材料。钐可与其他金属形成合金，用于制造永磁材料和磁体。

（2）光学材料：钐离子在某些晶体中可发出可见光和近红外光，故钐的化合物可用于制造激光器和光纤放大器等光学器件。钐的化合物还可用于制造荧光材料和光学玻璃。

（3）核能科学：钐的同位素钐 –149 具有较长的半衰期，可用于核能科学研究和医学放射治疗。钐 –149 可通过中子捕获反应产生钐 –150，用于放射性核素的标记和治疗。

钐与人体健康

（1）放射性治疗：钐 –153 可用于放射治疗，特别是对骨骼肿瘤的治疗。在放射治疗中，钐 –153 通常以钐 –153 氯化物的形式被注射到患者体内。这种放射性物质会富集在骨骼中，通过释放放射性射线，针对肿瘤细胞进行治疗。

（2）影像学：钐的一些化合物，如钐 –153 氧化物，可用于核医学影像学中的单光子发射计算机断层扫描。

（3）放射性示踪剂：钐的化合物可用作放射性示踪剂，用于医学诊断和研究。放射性示踪剂可在体内追踪和观察特定的生物过程和器官功能。钐 –153 示踪剂可用于评估骨骼疾病、肿瘤扩散程度及诊断其他相关疾病。

本章要点

钐的应用

- 磁性材料：钐具有较高的磁矩和磁导率，可用于制造强磁性材料。
- 光学材料：钐的化合物可用于制造激光器和光纤放大器等光学器件，还可用于制造荧光材料和光学玻璃。
- 核能科学：钐的同位素可用于核能科学研究和医学放射治疗。

钐与人体健康

- 钐 -153 可用于放射治疗，特别是对骨骼肿瘤的治疗。
- 钐 -153 氧化物可用于核医学影像学中的单光子发射计算机断层扫描。
- 钐 -153 示踪剂可用于评估骨骼疾病、肿瘤扩散及其他相关疾病的诊断。

第 39 章

“铥”掉烦恼，迎来新世界

铥，元素符号 Tm，英文名称 thulium，属于稀土元素。如果说石油是工业的血液，那么稀土就是工业的维生素。铥呈银白色，在自然界中分布非常稀少，在地壳中的含量为十万分之二，主要存在于稀土矿石中。铥虽然在我们日常生活中用途较少，罕见且昂贵，但在科学和工业领域却有着一席之地。

让我们来了解一些铥的特性。铥的原子序数为 69，原子量为 168.93421。铥的熔点和沸点很高，分别为 1545 ℃和 1947 ℃，因此在空气中比较稳定。铥还具有较好的延展性和韧性，可被加工成薄片和线。

铥具有独特的物理和化学性质，在许多特殊领域有着重要的应用。例如，铥可发出波长在 1930~2040 nm 之间的激光，在组织表面进行消融时十分有效，无论在空气中还是在水中都能使凝血不至于过深，故铥激光器在基础激光手术方面具有应用潜力；含铥的便携式 X 射线设备可用作医疗诊断工具以及人力难及的机械和电子元件的缺陷探测工具。

总之，铥是元素周期表中的一种稀土元素，具有稳定的物化特性。铥在核科学研究、仪器制造、光学材料等新兴领域有着重要的应用。了解铥的特性，有助于我们对科学世界有更深入的认识。

本章要点

铥的特性

- 熔点高，沸点高。
- 延展性较好。
- 韧性较好。

铥的用途

- 铥激光器。
- 含铥的便携式 X 射线设备。
- 核科学研究。
- 仪器制造。
- 光学材料。

第40章

一路“钽”途

1802年，瑞典化学家安德斯·古斯塔夫·埃克伯格（Anders Gustaf Ekeberg）在分析一种矿物（铌钽矿）时，发现了新元素，他参考希腊神话中宙斯神的儿子坦塔拉斯（Tantalus）的名字，将这种元素命名为“Tantalum（钽）”。钽是一种金属元素，化学符号为Ta，原子序数为73。钽主要存在于钽铁矿中，与铌共生。由于铌和钽的性质非常相似，人们曾一度认为它们是同一种元素，直到1864年才明确证明了钽和铌是两种不同的元素，并确定了一些相关化合物的化学公式。

钽是一种非常优秀的金属，具体表现在其理化性质方面。在物理性质方面，钽富有延展性，可拉成细丝式制薄箔；钽的韧性很强，比铜还要优异；钽的熔点高达2995 ℃，在单质中仅次于碳、钨、铼和锇，位居第五。在化学性质方面，钽具有极高的耐腐蚀性，在冷和热的条件下，对盐酸、浓硝酸及王水都不会产生反应；在低于150 ℃的条件下，钽是化学性质稳定的金属之一；钽可在酸性电解液中形成稳定的阳极氧化膜，用钽制成的电解电容具有容量大、体积小和可靠性好等优点。钽可用于制作各种无机酸设备，可替代不锈钢且寿命是不锈钢的数十倍；用钽制成的电解电容在军事通信、工业控制、影视设备等领域应用广泛。相信随着科技的进一步发展，钽会在工业领域发挥更大的作用。

本章要点

钽的物理性质

- 延展性好。
- 韧性强。
- 熔点高。

钽的化学性质

- 耐腐蚀性强。
- 化学性质稳定。
- 可在酸性电解液中形成稳定的阳极氧化膜。

钽的用途

- 制作无机酸设备。
- 替代不锈钢。
- 钽电解电容。

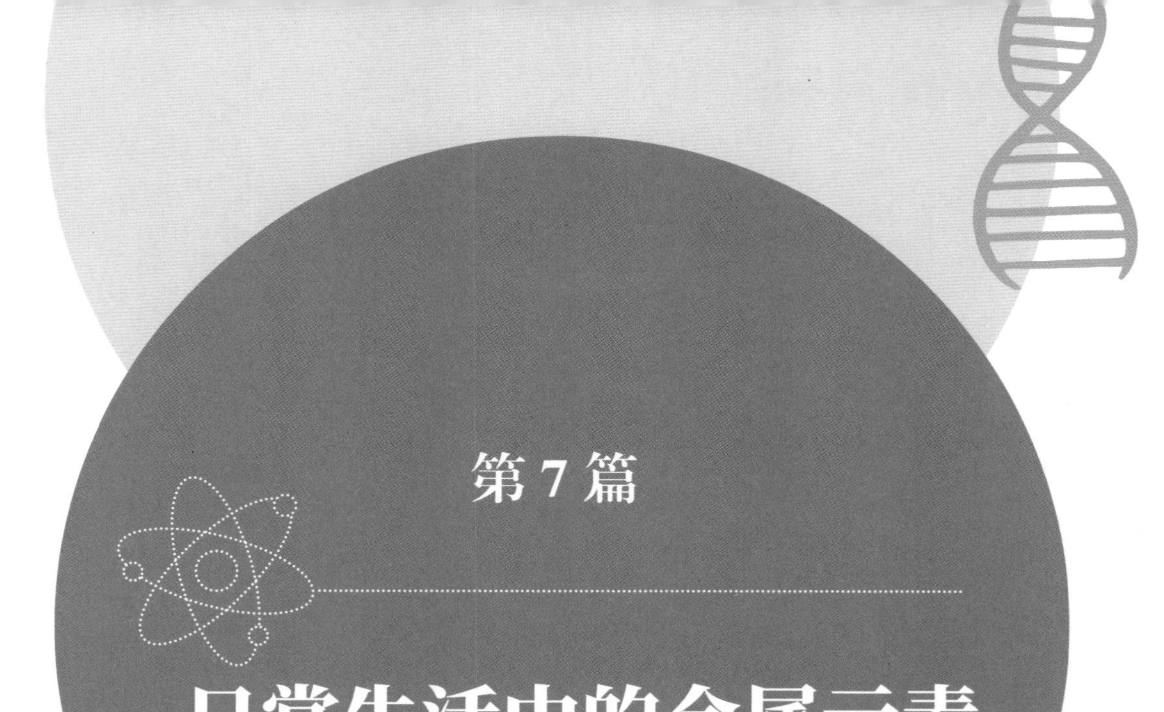

第 7 篇

日常生活中的金属元素

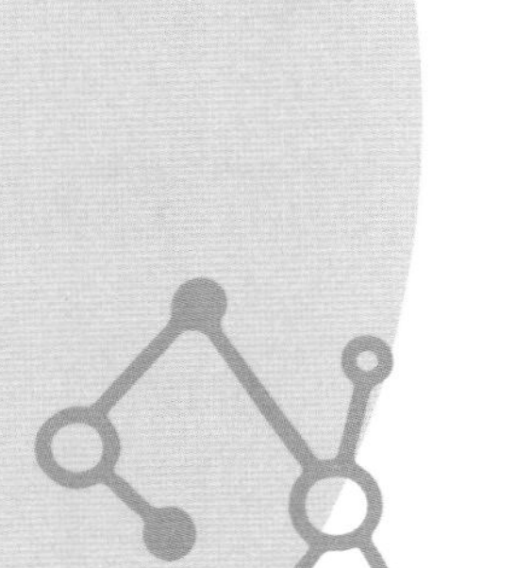

第 41 章

饮食中的金属元素

金属元素在日常饮食中起着关键作用，尽管它们含量很少，但对于人体健康至关重要。以下是一些日常饮食中常见的金属元素及其作用。

钙

钙是骨骼和牙齿的主要组成部分，它还对神经传导、肌肉收缩和凝血起着关键作用。含钙丰富的食物包括奶制品、鱼类、豆类和绿叶蔬菜等。这些食物有助于维持骨骼和牙齿的健康，以及支持神经传导和肌肉收缩。含钙丰富的食物如表 41–1 所示。

表 41–1　含钙丰富的食物

食物名称	子类	具体描述
奶制品	牛奶	奶制品是含钙丰富的食物之一。各种类型的奶酪(如切达奶酪、莫扎里奶酪和巴马干酪）都含有高量的钙。酸奶不仅富含钙，还含有益生菌，对肠道健康有益
	奶酪	
	酸奶	

续表

食物名称	子类	具体描述
绿叶蔬菜	芥菜 菠菜 羽衣甘蓝 瑞典萝卜	绿叶蔬菜含有丰富的钙
水果	鳄梨（牛油果）	水果含有大量的钙，特别适合素食者
豆类和豆制品	豆腐 大豆 黑豆 红豆	豆类和豆制品含有丰富的钙
鱼类	沙丁鱼 鲑鱼 虹鳟鱼	鱼类含有大量的钙，同时也富含健康的脂肪酸
坚果和种子	杏仁 核桃 花生 亚麻籽	坚果和种子都是良好的钙来源
五谷杂粮	燕麦 糙米 糙米饭	五谷杂粮含有一定量的钙
钙强化食品	橙汁 豆奶 谷物 面包	钙强化食品会添加额外的钙

请注意，钙的吸收受到其他因素的影响，如维生素 D 的含量和胃酸的水平。为了最大程度地吸收钙，应确保膳食中含有足够的维生素 D，同时避免高咖啡因和高盐等可能影响钙吸收的饮食方式。

铁

铁是血红蛋白的关键成分，有助于氧气在血液中的运输。含铁丰富的食物包括红肉、家禽类、鱼类、豆类和全麦食品等。这些食物对于维持红细胞健康和预防贫血非常重要。含铁丰富的食物如表 41–2 所示。

表 41–2　含铁丰富的食物

食物名称	子类	具体描述
红肉	牛肉	红肉是含铁丰富的食物之一，特别是瘦肉，含铁量较高
	羊肉	
	猪肉	
家禽类	鸡肉	家禽类含有一定量的铁，尤其是深色肉
	火鸡肉	
鱼类	沙丁鱼	鱼类都含有丰富的铁
	鳟鱼	
	鲭鱼	
	鲈鱼	
豆类和豆制品	红豆	豆类和豆制品都含有丰富的铁
	黑豆	
	绿豆	
	扁豆	
	豆腐	
	豆蛋白	
坚果和种子	杏仁	坚果和种子都含有铁
	核桃	
	腰果	
	花生	
	南瓜籽	
麦片和谷物	钢切燕麦片	麦片和谷物通常富含铁，一些谷物也会被强化添加铁
	燕麦片	
	全麦面包	
	糙米	

续表

食物名称	子类	具体描述
蔬菜	菠菜	深绿色蔬菜富含非血红素铁
	羽衣甘蓝	
	甜菜	
	和西兰花	
干果和干果制品	葡萄干	干果和干果制品含有一定量的铁
	无花果	
	杏干	
	李子干	
其他	肝脏	肝脏是一种含铁量非常高的食物，但应适度食用

铁有两种形式，一种是血红素铁（动物来源）和非血红素铁（植物来源）。血红素铁更容易被人体吸收，而非血红素铁的吸收易受到其他食物成分的影响。为了提高铁的吸收率，可以考虑同时摄入富含维生素 C 的食物，因为维生素 C 可以增加铁的吸收。请注意，过量摄入铁可能对人体健康产生负面影响，因此应根据个人的年龄、性别和健康状况来确定铁的适当摄入量。

锌

锌对于维持免疫系统、伤口愈合和 DNA 合成至关重要。含锌丰富的食物包括红肉、奶制品、坚果和豆类等。含锌丰富的食物如表 41–3 所示。

表 41–3　含锌丰富的食物

食物名称	子类	具体描述
红肉	牛肉	红肉是含锌丰富的食物之一
	猪肉	
	羊肉	
家禽类	鸡肉	家禽类含有一定量的锌
	火鸡肉	

续表

食物名称	子类	具体描述
鱼类	蟹	鱼类含有丰富的锌
	虾	
	鳗鱼	
	鳕鱼	
豆类和豆制品	豆腐	豆类和豆制品含有一定量的锌
	大豆	
	黑豆	
	红豆	
	鹰嘴豆	
坚果和种子	杏仁	坚果和种子富含锌
	核桃	
	腰果	
	花生	
	夏威夷果	
	南瓜籽	
全麦食品	燕麦	全麦食品通常含有锌
	全麦面包	
	全麦意面	
	糙米	
乳制品	牛奶	乳制品含有一定量的锌
	酸奶	
	奶酪	
鸡蛋	蛋黄	鸡蛋含有一定量的锌，尤其是蛋黄部分
海鲜	牡蛎	牡蛎是锌含量较高的海鲜之一，其他贝类也含有锌
	扇贝	
	蛤蜊	
食用菌	蘑菇	食用菌含有一定量的锌

请注意，锌的吸收会受到其他因素的影响，包括食物中的草酸、纤维和钙。此外，长期高剂量的锌补充可能对健康产生负面影响，因此应根据个人的年龄、性别和健康状况来确定锌的适当摄入量。

铜

铜是一种微量元素，对于维持人体健康和正常生理功能非常重要。含铜丰富的食物包括红肉、鱼类、坚果和全麦食品等。这些食物有助于维持人体内多种酶活动和组织健康。含铜丰富的食物如表 41–4 所示。

表 41–4　含铜丰富的食物

食物名称	子类	具体描述
红肉	牛肉 猪肉 羊肉	红肉含有丰富的铜
鱼类	鳕鱼 鲈鱼 螃蟹 秋刀鱼	鱼类含有一定量的铜
坚果和种子	杏仁 核桃 腰果 夏威夷果 南瓜籽 亚麻籽	坚果和种子富含铜
豆类和豆制品	大豆 黑豆 绿豆 鹰嘴豆	豆类和豆制品含有一定量的铜

续表

食物名称	子类	具体描述
乳制品	牛奶	乳制品含有一定量的铜
	酸奶	
	奶酪	
全麦食品	燕麦	全麦食品通常含有一定量的铜
	全麦面包	
	全麦意面	
	糙米	
水果	杏	水果含有一定量的铜
	草莓	
	黑莓	
鸡蛋	蛋黄	鸡蛋含有一定量的铜，尤其是蛋黄部分
食用菌	蘑菇	食用菌含有一定量的铜

请注意，铜的吸收会受到其他因素的影响，包括其他微量元素如锌、铁和维生素 C 的存在。食物中的草酸和纤维也可能影响铜的吸收。长期高剂量的铜补充可能对健康产生负面影响，因此应根据个人的年龄、性别和健康状况来确定铜的适当摄入量。

镁

镁对于维持神经肌肉功能、骨骼健康和心血管健康非常重要。含镁丰富的食物包括坚果、豆类、绿叶蔬菜和全麦食品等。含镁丰富的食物如表 41–5 所示。

表 41–5　含镁丰富的食物

食物名称	子类	具体描述
坚果和种子	杏仁	坚果和种子含有丰富的镁

续表

食物名称	子类	具体描述
坚果和种子	核桃	
	腰果	
	花生	
	碧根果	
	夏威夷果	
	南瓜子	
	亚麻籽	
	葵花籽	
	芝麻	
豆类和豆制品	黑豆	豆类和豆制品含有一定量的镁
	红豆	
	绿豆	
	鹰嘴豆	
	豆腐	
蔬菜	菠菜	蔬菜含有一定量的镁
	羽衣甘蓝	
	甘蓝	
	芥菜	
	油菜	
	胡萝卜	
	马铃薯	
	甜椒	
	洋葱	
全麦食品	燕麦	全麦食品通常富含镁
	全麦面包	
	全麦面条	
	糙米	

续表

食物名称	子类	具体描述
水果	香蕉	水果含有一定量的镁
	杏	
	草莓	
	黑莓	
	柑橘	
鱼类	鲑鱼	鱼类富含镁
	鳟鱼	
	鳕鱼	
	沙丁鱼	
鸡蛋	蛋黄	鸡蛋含有一定量的镁，尤其是蛋黄部分
乳制品	牛奶	乳制品含有一定量的镁
	酸奶	
	奶酪	

镁在食物中普遍存在，因此多样化饮食通常能够提供足够的镁。然而，一些人可能因饮食不均衡、吸收问题或特殊健康状况而需要额外补充镁。

硒

硒是一种重要的微量元素，也是一种抗氧化剂，有助于维持免疫系统健康和预防细胞损伤。含硒丰富的食物包括鱼类、红肉、家禽类、坚果和蔬菜等。含硒丰富的食物如表 41–6 所示。

表 41–6　含硒丰富的食物

食物名称	子类	具体描述
鱼类	金枪鱼	鱼类含有丰富的硒
	鳕鱼	
	鲑鱼	
	鳟鱼	

续表

食物名称	子类	具体描述
红肉	牛肉 猪肉	红肉含有一定量的硒
坚果和种子	巴西坚果 夏威夷果 腰果 核桃 葵花籽	坚果和种子含有丰富的硒
豆类和豆制品	大豆 黑豆 红豆 鹰嘴豆 豆腐	豆类和豆制品含有一定量的硒
鸡蛋	蛋黄	鸡蛋含有一定量的硒，尤其是蛋黄部分
谷物	大麦 小麦 大米 燕麦	谷物含有一定量的硒
蔬菜	大蒜 洋葱 胡萝卜 西兰花	蔬菜含有一定量的硒
食用菌	蘑菇 巴西坚果型蘑菇	食用菌富含硒

硒在食物中分布广泛，因此多样化饮食通常能够提供足够的硒。然而，硒的需求因人而异，取决于年龄、性别和生活方式等因素。在某些情况下，人们可能需要考虑额外补充硒。

钾

钾对于维持正常的心脏和肌肉功能、维护水平衡以及支持神经传导非常重要。含钾丰富的食物包括香蕉、马铃薯、番茄和绿叶蔬菜等。含钾丰富的食物如表 41–7 所示。

表 41–7　含钾丰富的食物

食物名称	子类	具体描述
水果	香蕉	香蕉是著名的富钾食物之一，一个中等大小的香蕉含有约 400 mg 的钾
	橙子	
	葡萄柚	
	柠檬	
	柚	
	鳄梨（牛油果）	
蔬菜	番茄	蔬菜富含钾
	番茄酱	
	番茄汁	
	南瓜	
	芋头	
	马铃薯	
	菠菜	
	红薯	
豆类和豆制品	绿豆	豆类和豆制品含有一定量的钾
	红豆	
	鹰嘴豆	
	黑豆	
	豆腐	
坚果和种子	杏仁	坚果和种子富含钾
	核桃	
	腰果	
	花生	

续表

食物名称	子类	具体描述
坚果和种子	亚麻籽	
	南瓜子	
鱼类	鳕鱼 鲑鱼 鲈鱼	鱼类含有一定量的钾

硫

硫是一种微量元素，虽然人体只需要少量的硫，但它在维持健康方面起着重要作用。硫通常以硫氨基酸形式存在于蛋白质中，参与多种生物化学过程。含硫丰富的食物包括红肉、家禽类、鱼类、大蒜和洋葱等。含硫丰富的食物如表 41–8 所示。

表 41–8　含硫丰富的食物

食物名称	子类	具体描述
蔬菜	大蒜	蔬菜含有丰富的硫
	洋葱	
	韭菜	
	卷心菜	
	花椰菜	
	甘蓝	
鸡蛋	蛋黄	鸡蛋含有硫氨基酸
坚果和种子	杏仁	坚果和种子富含硫
	核桃	
	腰果	
	花生	
	南瓜籽	

续表

食物名称	子类	具体描述
红肉	牛肉	红肉含有硫氨基酸
	猪肉	
	羊肉	
家禽类	鸡肉	家禽类含有硫氨基酸
	火鸡肉	

硫在食物中分布广泛，因此多样化饮食通常能够提供足够的硫。

本章要点

- 金属元素在日常饮食中起着关键作用，尽管它们含量很少，但对于人体健康至关重要。
- 多样化饮食可帮助我们获得足够的金属元素。不过，摄入过量或不足都可能对人体健康产生负面影响，因此均衡饮食非常重要。
- 钙是骨骼和牙齿的主要组成部分。含钙丰富的食物包括奶制品、鱼类、豆类和绿叶蔬菜等。
- 铁是血红蛋白的关键成分。含铁丰富的食物包括红肉、家禽类、鱼类、豆类和全麦食品等。
- 锌对于维持免疫系统、伤口愈合和 DNA 合成至关重要。含锌丰富的食物包括红肉、奶制品、坚果和豆类等。
- 铜对于维持人体健康和正常生理功能非常重要。含铜丰富的食物包括红肉、鱼类、坚果和全麦食品等。
- 镁对于维持神经肌肉功能、骨骼健康和心血管健康非常重要。含镁丰富的食物包括坚果、豆类、绿叶蔬菜和全麦食品等。
- 硒有助于维持免疫系统健康和预防细胞损伤。含硒丰富的食物包括鱼类、红肉、家禽类、坚果和蔬菜等。

- 钾对于维持正常的心脏和肌肉功能、维护水平衡以及支持神经传导非常重要。含钾丰富的食物包括香蕉、马铃薯、番茄和绿叶蔬菜等。
- 硫通常以硫氨基酸形式存在于蛋白质中，参与多种生物化学过程。含硫丰富的食物包括红肉、家禽类、鱼类、大蒜和洋葱等。

第 42 章

装修中的金属元素

每当提到装修污染，大家首先想到的可能是甲醛、苯等有机化学污染，而装修材料中的金属污染却在不知不觉中被我们所忽略，成为了一处盲点。金属常被用于家具、装饰品和建筑材料中，它们不仅能够为室内增添独特的美感，还具有耐用性和强度。然而，在喷涂油漆、选择家具和装饰品的过程中，我们是否思考过这些金属是否会对我们的健康产生一些不良影响呢？一些溶剂型木器涂料、内墙涂料、木制家具、壁纸、聚氯乙烯卷材地板等装饰装修材料中含有铅、镉、汞等重金属可溶物，对人体有明显危害，需要特别注意（图 42–1）。

图 42–1　涂料可能对健康产生不良影响

镉——建筑材料中的隐患

镉是一种重金属，存在于一些建筑材料和涂料中，尤其是颜色鲜艳、有光泽的涂料。镉可能被用作防锈剂，因此一些耐候钢结构中可能含有镉。

镉是一种慢性毒物，长期接触过量的镉可能导致肾脏损伤，表现为慢性肾脏病。镉过量还可能引发骨骼问题，如增加骨折风险等。镉可经呼吸道和消化道进入人体，高浓度的镉蒸气可能对呼吸系统产生刺激作用，引起呼吸道炎症。长期接触过量的镉会导致慢性中毒，对肾脏造成损伤，晚期患者可能出现肾功能不全伴骨骼病变；短时间内接触过量的镉可导致急性中毒，患者会出现恶心、呕吐、腹痛等症状。选择镉含量低的建筑材料和涂料是减少镉暴露的重要措施。

汞——“装潢汞毒”的悄然威胁

汞是一种重金属，过度的汞暴露会对人体健康造成危害。在装修过程中，汞的主要来源包括灯具、电子产品、镜子的反光涂层等。高浓度的汞蒸气或汞化合物可导致神经系统受损，表现为头痛、记忆力减退、行动迟缓等。某些有机汞化合物可对肾脏产生毒性影响，导致慢性中毒。因此，在装修过程中，要经常保持室内通风，降低空气中有毒汞蒸气的浓度；另外，在购买建筑材料和装饰材料时，要避免使用含有大量汞的荧光灯，尤其是破碎的荧光灯可能会释放大量的有毒汞蒸气。不过，我们也不必对汞感到过于恐慌，对于体重 50 kg 的普通成人，一周内连续吸收汞不超过 35 mg 即是安全的。假设一只意外破碎的荧光灯中的 3 mg 汞原子全部挥发成汞蒸气，且被一个体重 50 kg 的成人全部经呼吸道吸收，也远低于国际安全水平限值 35 mg/w。因此，只要不是长期、大量地接触破碎的荧光灯管，节能灯中的汞对人体的影响几乎可以忽略。家庭中偶尔破碎一只节能灯，只要处理方法适当，并不会对周围环境和人体健康产生危害。

铬——“辉煌”背后的风险

在室内装修中，铬通常以铬合金或镀铬的形式存在，常用于制作家具、灯具、水龙头、门把手等。铬化合物通常应用在涂料中以维持涂料的鲜艳色彩；六价铬化合物可在金属表面形成钝化膜，或与铁锈结合成稳定的络合物，起防腐蚀作用。在通常情况下，这些铬材料通常是相对稳定的，对人体的影响相对较小。然而，如果铬被大量释放或存在于某些特殊情况下，可能会对人体产生一些影响。部分对铬过敏的人在接触含有铬的物品后，会出现皮肤过敏反应，如红肿、瘙痒等。铬粉尘或气体过量可引起呼吸道刺激，导致咳嗽、喉咙不适等。大量接触可溶解的六价铬化合物，如铬酸盐，可能对人体的肺、肝、肾等器官造成慢性损伤，引发慢性中毒。

铅——五彩缤纷中暗藏的危险因素

铅常见于油漆、陶器、管道和灰泥中，如果长时间接触，可能会损伤神经系统。铅及其化合物进入人体后会对神经、造血、消化、心血管和内分泌等多个系统造成危害，含量过高甚至会引起铅中毒。儿童对铅的敏感性尤为高，在同样的铅环境下，儿童吸入的铅比成人多出好几倍。儿童铅中毒会出现发育迟缓、食欲不振、行走不便和便秘、失眠等症状，有的还伴有多动、听觉障碍、注意不集中和智力低下等问题。购买涂料时，一定要注意涂料中的含铅量，越是颜色鲜艳的涂料，越可能含有大量的铅。木质家具、家装墙面、家饰表面的油漆都是铅的封存地，其含铅量不可小觑。此外，由 PVC 材料制成的水管可导致铅溶出，因此家庭装修中要尽量避免使用 PVC 材料，尽量选择由 PPR 材料制成的水管，因为其安全环保，可有效避免铅污染。

总之，进行装修时，应选择符合健康标准的材料。同时，还应保持室内通风，及时清理施工产生的尘土。此外，定期清理和保养家具、装修材料等有助于降低有毒金属对室内空气质量的影响。在为家居环境增添独特美感的同时也别忘记保障身体健康哦！

本章要点

镉——建筑材料中的隐患

- 镉是一种重金属，存在于一些建筑材料和涂料中，尤其是颜色鲜艳、有光泽的涂料。
- 镉是一种慢性毒物，长期接触过量的镉可能导致肾脏损伤，表现为慢性肾脏病。

汞——“装潢汞毒”的悄然威胁

- 汞是一种重金属，过度的汞暴露会对人体健康造成危害。
- 在装修过程中，汞的主要来源包括灯具、电子产品、镜子的反光涂层等。
- 高浓度的汞蒸气或汞化合物可导致神经系统受损，表现为头痛、记忆力减退、行动迟缓等。

铬——“辉煌”背后的风险

- 在室内装修中，铬通常以铬合金或镀铬的形式存在，常用于制作家具、灯具、水龙头、门把手等。
- 部分对铬过敏的人在接触含有铬的物品后，会出现皮肤过敏反应，如红肿、瘙痒等。

铅——五彩缤纷中暗藏的危险因素

- 铅常见于油漆、陶器、管道和灰泥中，如果长时间接触，可能会损伤神经系统。
- 铅及其化合物进入人体后会对神经、造血、消化、心血管和内分泌等多个系统造成危害，含量过高甚至会引起铅中毒。

第 43 章

化妆品中的金属元素

随着时代的发展，人们对美的追求不断提高，越来越多的人使用化妆品以修饰自己的容貌。正因如此，化妆品行业的发展越来越迅速，但随之而来的问题就是化妆品中存在的金属是否会对人体健康造成危害。

化妆品中常见的金属有砷（半金属）、铅、汞、镉等。

化妆品含有砷的原因有两点，一是砷在自然界中广泛存在，因此很容易在化妆品原料中出现；二是砷可与人体大量功能酶相结合，进而加速局部肌肤的代谢效率，从而达到祛斑美白的效果，添加了砷的化妆品会使皮下毛细血管肿胀，还会使表层皮肤上的皱纹平展，从而实现减少皱纹的目的。然而，长期接触砷会导致皮肤问题、神经系统异常，甚至诱发各种癌症。砷可通过抑制含有巯基的酶来干扰细胞的正常功能。

在某些情况下，化妆品会含有汞。例如，一些品质低劣的化妆品原料含有汞，则由其制成的化妆品也含有汞；不正规的化妆品生产设备及工艺会导致化妆品含有汞；一些不良商家会在化妆品中添加汞，以求实现“快速美白”的功效。人体肤色变黑的原理是酪氨酸在酪氨酸酶的催化作用下产生黑色素，而汞能抑制酪氨酸酶的活性，使用含汞的化妆品可在短时间内实现肉眼可见的美白效果。微量的汞可以随着尿液排至体外，不会对人体造成严重损伤，但汞若在体内聚集过量，则会对人体的神经系统、泌尿系统等造成一定的损伤。

铅经常存在于化妆品中，它和汞一样也有一定的美白作用，不过和汞不同的是，铅的美白原理是一种名为碱式碳酸铅（俗称“铅白”）的化合物在发挥作用。碱式碳酸铅呈白色，可以遮盖瑕疵。我国自秦代就有将铅白作为美白化妆品的记录，京剧演员脸上涂的白色粉底就是铅白。此外，铅化合物可以增加化妆品的显色度和持久度，故眼线液、眼线笔、眼影和口红的含铅量都比较高。口红含有铅，很容易被误食，铅在人体内积累过量时会引发胃肠道疾病，甚至毒害肝脏、中枢神经系统等。因此，使用口红等容易被吃进身体里的化妆品时，一定要注意其成分是否安全，最好能在进食前擦掉嘴上的口红，防止摄入过多的金属。

化妆品中的金属虽然含量很少，但如果在人体内的积累量超过人体所能负荷的程度，就会对人体健康产生负面影响。根据《化妆品安全技术规范（2015 年版）》要求，化妆品中有害物质（金属相关）限值包括铅 ≤ 10 mg/kg，汞≤ 1 mg/kg，砷≤ 2 mg/kg，镉≤ 5 mg/kg。

本章要点

- 化妆品中的金属虽然含量很少，但如果在人体内的积累量超过人体所能负荷的程度，就会对人体健康产生负面影响。
- 根据《化妆品安全技术规范（2015 年版）》要求，化妆品中有害物质（金属相关）限值包括铅≤ 10 mg/kg，汞≤ 1 mg/kg，砷≤ 2 mg/kg，镉≤ 5 mg/kg。

第 44 章

尾气中的金属元素

随着社会发展和科技进步，汽车已成为人们主要的出行交通工具，而汽车尾气的排放也随之成为城市空气污染的重要来源之一。汽车尾气是汽车发动时产生的废气，含有上百种不同的化合物，主要的污染物除了有二氧化碳、碳氢化合物、氮氧化合物等有毒气体，还有一些有毒金属，对环境和人体健康带来一定危害。

汽车尾气（图 44–1）中的有毒金属包括铅、镉、铬、镍等，主要来源于汽车的燃油和润滑油。其中，铅是最主要也是最常见的有毒金属。汽车尾气中的铅主要来源于四乙基铅，它是铅的有机化合物，一般会作为抗震剂添加在汽油里。尽管目前已出台相关政策和标准以严格控制汽油的含铅量，但流入市场的一些老旧汽车、劣质汽油仍会导致少量铅被排入大气。铅是一种有毒的重金属，长期或短期高浓度接触都会对人体的神经系统和血液系统造成很大的损伤。铅进入人体后会随着血液循环进入脑部，对脑部神经造成损伤，影响人体的智力发育、认知能力等；长期接触铅会导致血液中的红细胞遭到破坏，引起乏力甚至贫血，还会导致血小板减少，从而引发出血性疾病。

镉也是存在于汽车尾气中的有毒金属，毒性极强，对人体的危害包括损伤肝肾、影响生殖功能以及诱发高血压。镉化合物颗粒能够通过空气入

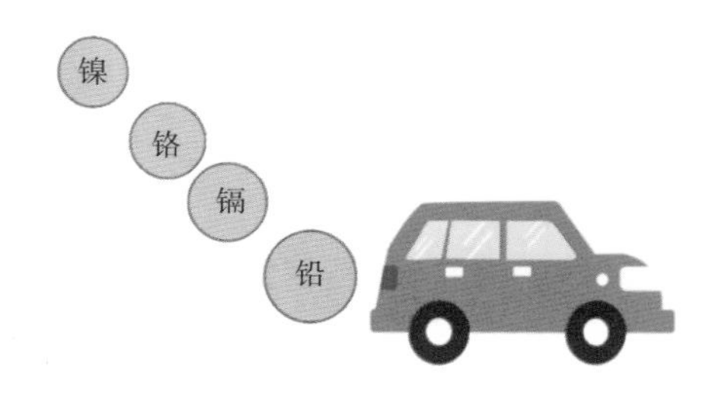

图 44-1　汽车尾气

侵人体，破坏中枢神经系统，影响肾脏功能和生殖功能。

同样的，铬和镍也是汽车尾气中常见的有毒金属，主要来自废气处理系统和机动车尾气净化装置。铬和镍浓度较低时对人体没有毒性，但当浓度超过一定限度时，铬和镍就会沉积在呼吸道和肺部组织中，导致呼吸系统疾病。

上述有毒金属在汽车尾气中的浓度和危害程度远不如其他有害气体，但仍受到人们的密切关注。自 20 世纪起，世界各国政府就采取了多种措施以减少和控制汽车尾气中的有毒金属排放，如制定严格的排放标准，推广更为清洁的燃料和润滑剂等；汽车制造商也不断创新尾气净化装置。

总之，虽然汽车尾气中有毒金属的排放量比其他有害气体要小，但其带来的金属污染仍对环境和人体健康造成危害。我们应采取有效措施，积极应对这一重要问题，共同努力降低汽车尾气带来的污染。

本章要点

尾气中的金属元素——铅（四乙基铅）

- 神经系统损害。
- 血液系统损害。

尾气中的金属元素——镉

- 肝肾损害。
- 生殖功能损害。
- 诱发高血压。

改善措施

- 制定排放标准。
- 使用清洁能源。
- 尾气净化装置。

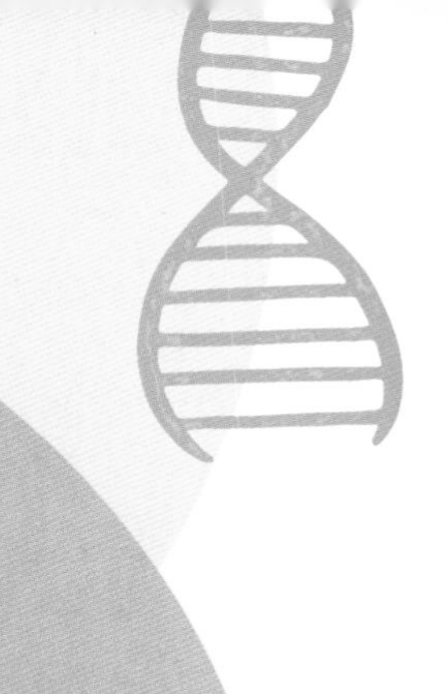

第 8 篇

金属元素的明天

第 45 章

金属元素与人体健康

从新石器时代到青铜时代，金属元素逐渐走入人类文明发展的历程。在德米特里·伊万诺维奇·门捷列夫（Дми́трий Ива́нович Менделе́ев）提出元素周期定律后的 150 年间，我们已经探索发现了 118 种元素，其中金属元素占据了主导地位。金属元素在人类历史的发展和进程中扮演着重要角色，同时也直接或间接地影响着人体健康。如何最大限度地发挥金属元素的健康价值，同时减少其对人体的潜在危害，是我们当下乃至未来始终需要深入思考的议题。

巧用金属，守护健康

科学技术的不断发展让我们逐渐认识到金属元素在守护人体健康方面不可或缺的作用。从医疗器械的创新到金属药物的应用，金属元素为促进人类健康提供了非常多的可能性。金属元素在医疗领域的应用也正日益展现出令人惊叹的创新潜力。

1. 新兴医疗器械的研发与创新

钛合金因具有高强度、轻量和耐腐蚀等特性而被广泛用于制造骨科植入物。

纳米技术的发展为金属元素在医疗领域的应用带来了巨大的变革。纳米级别的金属材料不仅可以作为药物载体，还能实现精准的生物传感和治疗。未来，纳米技术有望为医学带来更多颠覆性创新。

金属氧化物纳米粒子可用作 MRI 对比剂。这些纳米粒子可在体内产生强烈的磁性信号，提高影像的清晰度和对比度，有助于医生更准确地诊断病情。

2. 金属药物——精准治疗的未来

基于人体必需的微量金属元素及其在体内的生理功能所制备的金属药物，在治疗癌症、炎症和传染病等方面发挥着重要作用。精确设计金属药物分子结构并运用纳米技术，可提高药物的靶向性，减轻药物带来的副作用。

铂元素在肿瘤治疗中的应用便是一个典型例子。铂类药物在肿瘤治疗中表现出色，但其副作用也不可忽视，而通过纳米技术可以将铂类药物包裹在纳米粒子中，使药物以更精准的方式被释放，减轻对健康组织的损害，提高治疗效果。

金属元素在医疗领域的创新正呈现出无限可能性，为生命科学的研究和人类健康的提升开辟出广阔前景。技术的不断革新使我们不断认识和掌握金属元素的结构特征和性能特点，对金属元素的巧妙运用正将医学科技的发展推向崭新的纪元。这一创新浪潮将深刻影响疾病治疗、健康监测和生活质量提升的方方面面。

识别危害，加强管理

金属元素与人体健康之间的关系既密切又复杂。随着工业化的快速发展，重金属污染对生态环境和人类健康造成的威胁也变得越来越严峻。历史上无数血淋淋的重金属公害事件警示着我们，在利用金属元素推动科技发展和医学进步的同时，必须深刻认识其潜在的环境威胁和健康风险。

1. 新材料的挑战

在当今时代，无机非金属材料、高分子材料、纳米材料等新材料崭露头角，轻量化、高强度、高导电性、高导热性等特点使它们在多个领域展现出巨大的潜力，成为替代金属材料的理想选择。不过，这些新材料的开发是否能撼动金属元素在人类文明进程中的地位？显而易见，金属元素在建筑、基础设施、电力输送等领域仍然扮演着关键角色，人类文明并没有告别金属时代，而是逐渐进入到一个多材料共存的时代。这也提示我们，未来的发展需要在多种材料之间取得平衡，以实现资源的可持续利用和环境的可持续发展。

2. 可持续发展道路的探讨与思索

目前，人类文明还无法脱离对金属元素的利用和依赖，因此，我们未来需要探寻出一条可持续发展道路，以实现金属资源的高效开发利用和环境健康的最优化保护。

我们可以通过推动循环经济模式，回收和再利用金属材料，减少对有限资源的依赖。我们也可以充分利用新材料的优势和性能，不断推动替代材料的研发，减轻对特定金属的过度需求，确保可持续发展。

与此同时，我们对重金属环境污染的治理力度也需要进一步加强。制定更为严格的环保法规，强化对重金属排放的监管，促使企业采用更环保的生产工艺，发展高效的重金属污染治理技术，减少对水、土壤和大气的污染。

此外，我们需要加强关于金属元素对人体健康利与弊的宣传教育，在介绍金属元素对人体健康的益处及如何均衡摄入的同时，还要警示其潜在危害和污染风险，让人们知道金属元素具有“两面性”。

总之，金属元素无疑是大自然对人类的馈赠，金属材料的开发和利用也给人类文明发展带来了无限可能。可以预见的是，未来还会有新的金属元素问世，已有的金属元素也会被不断开发出新的用途，不断掀起未来科技发展的浪潮，推动人类文明走向辉煌。但同时，如何有效管理和控制金属材料开发和利用所带来的生态环境和人类健康“副作用”，也是我们需要持续思考的问题。

本章要点

- 金属元素在人类文明发展中扮演着重要角色。
- 从医疗器械的创新到金属药物的应用，金属元素为健康提供了多种可能性。
- 重金属污染对生态环境和人类健康的威胁日益严重，需要加强管理和治理。
- 未来，我们需要探索可持续发展道路，在充分利用金属资源的同时注重环境保护和健康风险防范。

参考文献

[1] 王箴 . 化工辞典 [M]. 北京 : 化学工业出版社 , 2000.

[2] 徐翔飞 . 简明英汉化学化工词典 [M]. 上海 : 上海科学技术文献出版社 , 1984.

[3] Novotny J A, Peterson C A. Molybdenum[J]. Adv Nutr, 2018, 9(3): 272−273.

[4] Huang X Y, Hu D W, Zhao F J. Molybdenum: more than an essential element[J]. J Exp Bot, 2022, 73(6): 1766−1774.

[5] James W P T, Johnson R J, Speakman J R, et al. Nutrition and its role in human evolution[J]. J Intern Med, 2019, 285(5): 533−549.

[6] Boyd R. The evolution of human uniqueness[J]. Span J Psychol, 2017, 19: E97.

[7] Johnson D A, Williams A F. The gestation and growth of the periodic table[J]. Chimia (Aarau), 2019, 73(3): 144−151.

[8] Constable E C. Evolution and understanding of the d−block elements in the periodic table[J]. Dalton Trans, 2019, 48(26): 9408−9421.

[9] McLean R M, Wang N X. Potassium[J]. Adv Food Nutr Res, 2021, 96: 89−121.

[10] Gröber U, Schmidt J, Kisters K. Magnesium in prevention and therapy[J]. Nutrients, 2015, 7(9): 8199−8226.

[11] 杨克敌 . 环境卫生学 [M]. 8 版 . 北京 : 人民卫生出版社 , 2017.

[12] 陈光宇 . 秦帝国的朱砂水银工业 [J]. 陕西师范大学学报 (哲学社会科学版), 2017, 46(2): 71−81.

[13] Delile H, Blichert−Toft J, Goiran J P, et al. Lead in ancient Rome's city waters[J]. Proc Natl Acad Sci U S A, 2014, 111(18): 6594−6599.

[14] Nriagu J O. Saturnine gout among Roman aristocrats. Did lead poisoning contribute to the fall of the Empire?[J]. N Engl J Med, 1983, 308(11): 660–663.

[15] 陈凤娟，周自新，莫宝庆，等．儿童食物铅摄入与血铅水平关系的研究 [J]. 实用预防医学，2006, 13(1): 21–22.

[16] 孙长颢．营养与食品卫生学 [M]. 8 版．北京：人民卫生出版社，2017.

[17] 王永晓，曹红英，邓雅佳，等．大气颗粒物及降尘中重金属的分布特征与人体健康风险评价 [J]. 环境科学，2017, 38(9): 3575–3584.

[18] 段小丽，王宗爽，李琴，等．基于参数实测的水中重金属暴露的健康风险研究 [J]. 环境科学，2011, 32(5): 1329–1339.

[19] Briffa J, Sinagra E, Blundell R. Heavy metal pollution in the environment and their toxicological effects on humans[J]. Heliyon, 2020, 6(9): e04691.

[20] Vareda J P, Valente A J M, Durães L. Assessment of heavy metal pollution from anthropogenic activities and remediation strategies: a review[J]. J Environ Manage, 2019, 246: 101–118.

[21] 段桂兰，崔慧灵，杨雨萍，等．重金属污染土壤中生物间相互作用及其协同修复应用 [J]. 生物工程学报，2020, 36(3): 455–470.

[22] 中国 DRIs 修订工作委员会常量元素工作组．常量元素膳食参考摄入量的研究进展 [J]. 营养学报，2023, 45(6): 525–531.

[23] 张继国，王惠君，杜文雯，等．中国 15 个省份成年居民膳食钠的摄入状况 [J]. 中国食物与营养，2022, 28(1): 75–77.

[24] 郭红卫．钠 [J]. 营养学报，2014, 36(1): 5–8.

[25] Altun B, Arici M. Salt and blood pressure: time to challenge[J]. Cardiology, 2006, 105(1): 9–16.

[26] Xi L, Hao Y C, Liu J, et al. Associations between serum potassium and sodium levels and risk of hypertension: a community-based cohort study[J]. J Geriatr Cardiol, 2015, 12(2): 119–126.

[27] 张丽丽，周艳，王培玉，等．中国居民平衡膳食宝塔（2022）评价 [J]. 环境与职业医学，2023, 40(9): 1074–1078.

[28] 中国营养学会．中国居民膳食指南（2022）[M]. 北京：人民卫生出版社，2022.

[29] 冯利芳，郭军．镁摄入不足及其与慢性病关系的研究进展 [J]. 中国食物与营养，2021, 27(9): 14−22.

[30] Nie X, Sun X, Wang C, et al. Effect of magnesium ions/Type I collagen promote the biological behavior of osteoblasts and its mechanism[J]. Regen Biomater, 2020, 7(1): 53−61.

[31] Mammoli F, Castiglioni S, Parenti S, et al. Magnesium is a key regulator of the balance between osteoclast and osteoblast differentiation in the presence of vitamin D_3[J]. Int J Mol Sci, 2019, 20(2): 385.

[32] 中国营养学会．中国居民膳食营养素参考摄入量速查手册（2013 版）[M]. 北京：中国标准出版社，2014.

[33] 杨月欣．中国食物成分表标准版 [M]. 6 版．北京：北京大学医学出版社，2019.

[34] Ethgen O, Hiligsmann M, Burlet N, et al. Public health impact and cost−effectiveness of dairy products supplemented with vitamin D in prevention of osteoporotic fractures[J]. Arch Public Health, 2015, 73: 48.

[35] Jomova K, Makova M, Alomar S Y, et al. Essential metals in health and disease[J]. Chem Biol Interact, 2022, 367: 110173.

[36] Pasricha S R, Tye−Din J, Muckenthaler M U, et al. Iron deficiency[J]. Lancet, 2021, 397(10270): 233−248.

[37] Nairz M, Weiss G. Iron in health and disease[J]. Mol Aspects Med, 2020, 75: 100906.

[38] 徐琳，李明燕．铁缺乏对早产儿神经发育影响的研究进展 [J]. 中国当代儿科杂志，2018, 20(12): 1070−1074.

[39] Bonadonna M, Altamura S, Tybl E, et al. Iron regulatory protein (IRP)−mediated iron homeostasis is critical for neutrophil development and differentiation in the bone marrow[J]. Sci Adv, 2022, 8(40): eabq4469.

[40] 宋佳熙，靳玮，吕佩源．铁沉积与帕金森病 [J]. 中华行为医学与脑科学杂志，2023, 32(3): 272−277.

[41] Georgieff M K, Krebs N F, Cusick S E. The benefits and risks of iron supplementation in pregnancy and childhood[J]. Annu Rev Nutr, 2019, 39: 121−146.

[42] 中国营养学会．中国居民膳食营养素参考摄入量（2023 版）[M]. 北京：人民卫生出版社，2023.

[43] Wapnir R A. Copper absorption and bioavailability[J]. Am J Clin Nutr, 1998, 67(5 Suppl): 1054S−1060S.

[44] Best K, McCoy K, Gemma S, et al. Copper enzyme activities in cystic fibrosis before and after copper supplementation plus or minus zinc[J]. Metabolism, 2004, 53(1): 37−41.

[45] Turnlund J R. Human whole−body copper metabolism[J]. Am J Clin Nutr, 1998, 67(5 Suppl): 960S−964S.

[46] Ross A C, Caballero B, Cousins R J, et al. Modern nutrition in health and disease[M]. 11th ed. Burlington: Jones & Bartlett Learning, 2013.

[47] 李红娟 . 中西医结合治疗牛铜缺乏症 [J]. 畜牧兽医杂志 , 2011, 30(5): 114.

[48] 付鹏钰 , 韩涵 , 叶冰 , 等 . 微量元素铜对人体健康的影响 [J]. 河南预防医学杂志 , 2021, 32(12): 888−892.

[49] 吴茂江 . 铬与人体健康 [J]. 微量元素与健康研究 , 2014, 31(4): 72−73.

[50] 孙健慧 . 铬与人体健康 [J]. 家庭中医药 , 2009, 16(2): 76−77.

[51] 宋鹏飞 , 赖勇杰 , 蔡易旻 , 等 . 铊先生和她的故事 [J]. 大学化学 , 2019, 34(8): 51−54.

[52] 段维霞 , 宋云波 , 周取 . 铊对生态环境和人体健康危害的研究进展 [J]. 环境与职业医学 , 2019, 36(9): 884−890.

[53] Graeme K A, Pollack C V Jr. Heavy metal toxicity, part I: arsenic and mercury[J]. J Emerg Med, 1998, 16(1): 45−56.

[54] Shirkhanloo H, Fallah Mehrjerdi M A, Hassani H. Identifying occupational and nonoccupational exposure to mercury in dental personnel[J]. Arch Environ Occup Health, 2017, 72(2): 63−69.

[55] McAuliffe C A. The chemistry of mercury[M]. London: Macmillan, 1977.

[56] Norseth T, Clarkson T W. Intestinal transport of 203Hg−labeled methyl mercury chloride. Role of biotransformation in rats[J]. Arch Environ Health, 1971, 22(5): 568−577.

[57] Genchi G, Sinicropi M S, Lauria G, et al. The effects of cadmium toxicity[J]. Int J Environ Res Public Health, 2020, 17(11): 3782.

[58] Tchounwou P B, Yedjou C G, Patlolla A K, et al. Heavy metal toxicity and the environment[J]. Exp Suppl, 2012, 101: 133−164.

[59] 阎磊，范裕，黄俊，等．科普园地 | 金属镉及其利弊 [EB/OL]. (2023−11−10)[2024−04−08]. http://www.csmpg.org.cn/kpyd2017/kpzl/202311/t20231110_6930821.html.

[60] Shallari S, Schwartz C, Hasko A, et al. Heavy metals in soils and plants of serpentine and industrial sites of Albania[J]. Sci Total Environ, 1998, 209(2−3): 133−142.

[61] FAO, IAEA, WHO. Trace elements in human nutrition and health[M]. Geneva: World Health Organization, 1996.

[62] 科普中国．袁隆平重大成果：再次震惊世界 [EB/OL]. (2017−09−29)[2024−04−08]. http://www.kepu.net.cn/ydrhcz/ydrhcz_zpzs/ydrh_2017/201709/t20170929_470027.html.

[63] Angrand R C, Collins G, Landrigan P J, et al. Relation of blood lead levels and lead in gasoline: an updated systematic review[J]. Environ Health, 2022, 21(1): 138.

[64] Paul N P, Galván A E, Yoshinaga−Sakurai K, et al. Arsenic in medicine: past, present and future[J]. Biometals, 2023, 36(2): 283−301.

[65] Thomas X, Troncy J. Arsenic: a beneficial therapeutic poison − a historical overview[J]. Adler Mus Bull, 2009, 35(1): 3−13.

[66] Wallau W M. The phenomenon of the styrian arsenic eaters from the perspective of literature, chemistry, toxicology, and history of science−"strong poison" or "simple−minded reasoning"?[J]. Angew Chem Int Ed Engl, 2015, 54(52): 15622−15631.

[67] Yang Q, Feng F, Li P, et al. Arsenic trioxide impacts viral latency and delays viral rebound after termination of ART in chronically SIV−infected macaques[J]. Adv Sci (Weinh), 2019, 6(13): 1900319.

[68] Chen S, Wu J L, Liang Y, et al. Arsenic trioxide rescues structural p53 mutations through a cryptic allosteric site[J]. Cancer Cell, 2021, 39(2): 225−239.

[69] Flora S J S. Handbook of arsenic toxicology[M]. Pittsburgh: Academic Press, 2014.

[70] 谷敏婧，邓宏远，罗章元，等．活性银离子抗菌凝胶的广谱抑菌作用与安全性 [J]. 中国微生态学杂志，2023, 35(10): 1140−1143, 1150.

[71] 郑荔莉，余丽双，方剑英，等．银离子信号放大电化学免疫法检测 H1N1 流感病毒 [J]. 莆田学院学报，2023, 30(2): 26−30.

[72] 黄英，曾良玉，贺许良．湿润烧伤膏联合银离子抗菌敷料对Ⅱ度烧伤患者血清炎症因子的影响 [J]. 中国烧伤创疡杂志，2020, 32(3): 175−178.

[73] 朱茂祥．放射性核素的健康影响及促排措施 [J]. 癌变・畸变・突变，2011, 23(6): 468−472.

[74] 曹珍山，朱茂祥，杨陟华，等．大鼠吸入贫铀气溶胶后主要器官的病理损伤特点 [J]. 中国辐射卫生，2005, 14(2): 81−84.

[75] 王煦栋，刘思金，徐明．地下水铀污染与饮用水中铀的健康风险 [J]. 环境化学，2021, 40(6): 1631−1642.

[76] 杨斌盛，Harris W R. 铕（Ⅲ）离子与人血清脱铁转铁蛋白结合的紫外差光谱研究 [J]. 化学学报，1999, 57(5): 503−509.

[77] 中国营养学会膳食营养素参考摄入量 2023 专家委员会．《中国居民膳食营养素参考摄入量》2023 修订版简介 [J]. 营养学报，2023, 45(6): 521−524.

[78] 孙煜琳，李杰瑞，苏向东，等．电解锰渣性质的研究进展及资源化利用展望 [J]. 山东化工，2022, 51(1): 102−105.

[79] 周陈曦．我国货币属性演变的历史路径及经验借鉴——基于《汉书》中金属铸币流通场景的分析 [J]. 江西广播电视大学学报，2023, 25(1): 65−71.

[80] 张小艳，陈振斌，李慧，等．稀有金属钌的分离富集技术与分析方法的研究现状及展望 [J]. 材料导报，2021, 35(23): 23106−23120.

[81] 杨永青．钯基催化剂催化氢气氧化反应的研究进展 [J]. 广东化工，2023, 50(9): 88, 94−95.

[82] 常雪．简述先秦时期青铜文化与古代人类文明的关系 [J]. 铜陵职业技术学院学报，2018, 17(3): 35−38.

[83] 邓世荣．微量元素锂和人体健康 [J]. 广东微量元素科学，2000, 7(11): 12−14.

[84] 胡娇，李森森，黄婧．空气磨损对齿科复合树脂材料粘合氧化锆陶瓷的影响研究 [J]. 粘接，2023, 50(12): 107−110.

[85] 杨尚磊，陈艳，薛小怀，等．铼 (Re) 的性质及应用研究现状 [J]. 上海金属，2005, 27(1): 4, 45−49.

[86] 李晓晶，冯江华，李欣宇，等. 钆－二乙三胺五乙酸与牛血清白蛋白作用的核磁共振研究 [J]. 分析化学，2000, 10(3): 269−272.

[87] 石琦，胡永明，张作义. 长寿期核供热堆堆芯物理设计 [J]. 清华大学学报（自然科学版），2004, 44(9): 1196−1198.

[88] Duarte F J. Tunable laser applications[M]. 3rd ed. London: CRC Press, 2016.

[89] Gupta C K, Krishnamurthy N. Extractive metallurgy of rare earths[M]. 2nd ed. London: CRC Press, 2015.

[90] Shabalin I L. Ultra−high temperature materials I: carbon (graphene/graphite) and refractory metals[M]. Berlin: Springer, 2014.

[91] Shkembi B, Huppertz T. Calcium absorption from food products: food matrix effects[J]. Nutrients, 2021, 14(1): 180.

[92] Meier C, Kränzlin M E. Calcium supplementation, osteoporosis and cardiovascular disease[J]. Swiss Med Wkly, 2011, 141: w13260.

[93] Fairweather−Tait S, Sharp P. Iron[J]. Adv Food Nutr Res, 2021, 96: 219−250.

[94] Mattar G, Haddarah A, Haddad J, et al. New approaches, bioavailability and the use of chelates as a promising method for food fortification[J]. Food Chem, 2022, 373(Pt A): 131394.

[95] Martínez C, Ros G, Periago MJ, et al. Biodisponibilidad del hierro de los alimentos[J]. Arch Latinoam Nutr, 1999, 49(2): 106−113.

[96] Drewnoski M E, Pogge D J, Hansen S L. High−sulfur in beef cattle diets: a review[J]. J Anim Sci, 2014, 92(9): 3763−3780.

[97] Zörb C, Senbayram M, Peiter E. Potassium in agriculture−−status and perspectives[J]. J Plant Physiol, 2014, 171(9): 656−669.

[98] Bamidele O D, Kayode B A, Eniayewu O I, et al. Quality assessment of hydroquinone, mercury, and arsenic in skin−lightening cosmetics marketed in Ilorin, Nigeria[J]. Sci Rep, 2023, 13(1): 20992.

[99] Li Y, Fang Y, Liu Z, et al. Trace metal lead exposure in typical lip cosmetics from electronic commercial platform: investigation, health risk assessment and blood lead level analysis[J]. Front Public Health, 2021, 9: 766984.